神秘的宇宙

THE MYSTERIOUS UNIVERSE

（英）詹姆斯·金斯 著
周煦良 译

团结出版社

附图一　空间的深度

这是用世界现存最大望远镜（威尔生山观象台，一百英寸）所摄得的一小片天空，这里多数都是星云，它们和我们的距离，光线总得走五十兆年。每一块星云包含有几千兆颗星，或形成星体的原质。这类的星云我们能摄得的约有二兆个之多，但是为望远镜所不能得的恐怕还不知有多少亿兆呢！

附图二　光线和电子的分散

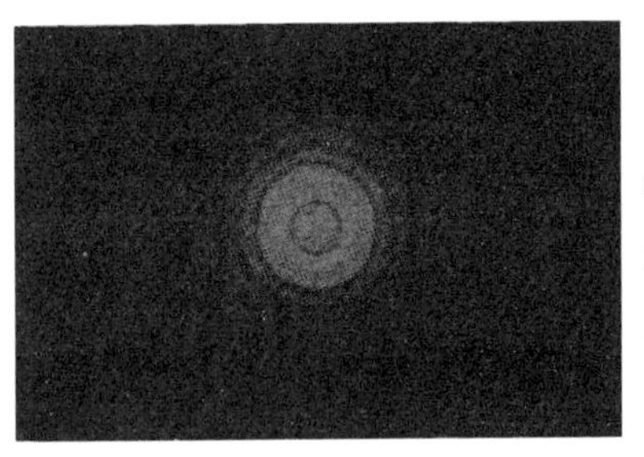

(A)
将光线透过暗幕上小洞（针眼）所得之散光圈。

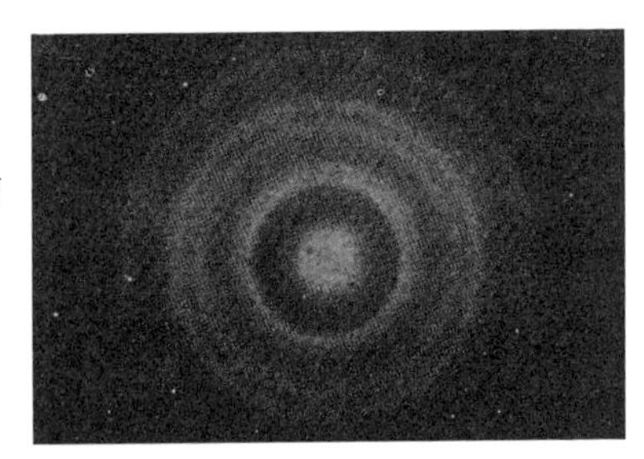

(B)
将电子透过一小片金箔所得之散光圈。

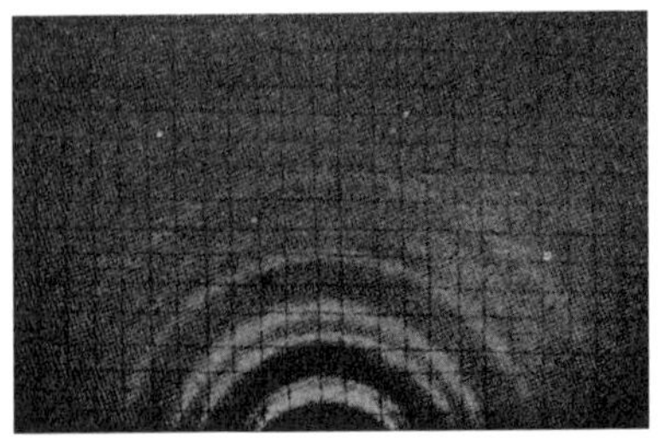

(C)
将电子从一小块金属片反射出来所得之光圈。

出版缘起

诺贝尔物理学奖获得者、著名物理学家杨振宁教授曾经多次在面向大学生的演讲中给大家推荐对他影响深远的一本书:“我推荐大家看一本书,《The Mysterious Universe》。这是我在初中的时候,在图书馆偶然发现的书,中文名字叫做《神秘的宇宙》。”

2019年4月29日,杨振宁教授在中国科学院大学和研究生谈学习与研究经历时,他再次提到本书说:“我想我对于物理学第一次发生兴趣,就是看了这本书——《神秘的宇宙》。发生兴趣是因为书里讲了在20世纪初物理学中的重大革命,即包括了量子学和相对论。”

《神秘的宇宙》是英国著名数学家、物理学家詹姆斯·金斯的经典代表作，是一部极具影响力的科普著作。书里介绍了20世纪初物理学观念上的重大革命，包括狭义相对论、广义相对论和量子力学等。作者在书中通过探讨生命的意义、事物的本质等一系列发人深思的问题，逐步向读者揭示这些现代物理学的发展对人们宇宙观和哲学观所产生的改变和影响。

《神秘的宇宙》虽是一本小书，却包括了作者的全部思想，影响了许多著名的物理学家，并在互联网上被评为“改变整个世界的25本科普书”。1979年诺贝尔物理学奖得主、美国物理学家史蒂文·温伯格将本书作为他向大众推荐的13种经典科学读物之一。他在谈到本书对他的影响时说：“在20世纪，物理学家乔治·伽莫夫(George Gamow)和詹姆斯·金斯爵士(Sir James Jeans)分别著书解释了相对论和量子力学领域激动人心的进展。对于我而言，当我刚刚步入青春期时，正是受到伽莫夫和金斯书籍的鼓舞，才对物理产生了浓厚的兴趣。我记得在其中一本书，我想是金斯的《神秘的宇宙》中有对于海森堡测不准原理的讨论。”

这本影响巨大的科普经典，在20世纪初期曾有多个中译本问世。但是，随着时间的逝去，这部书在今天的中国读者中已经鲜为人知了。

因为听闻杨振宁教授的演讲，编者重新觅得1934年开明书店出版、著名翻译家周煦良先生翻译的《神秘的宇宙》原书。编者阅读本书后，深感此书诚如周先生在序言中所说："金斯是现今很少数的，能用新兴物理学题材，写成轻快文学的人。《神秘的宇宙》写来有如一部科学的童话，作者使我们如爱丽丝一样，身历相对论和量子论所揭示的宇宙的奇境，同时很愉快地把握着物理学在哲学上引起的许多重要问题，这些也是现在科学界和哲学界讨论得最生动的问题。"当时，作为一名初中学生的杨振宁教授在阅读本书后十分欣喜，他甚至回家后激动地对他的父亲说，他将来一定能拿到诺贝尔奖。若干年后，杨振宁的梦想成为了现实，而开启他物理世界大门的，正是金斯这本《神秘的宇宙》。

为了让广大读者重新有机会再读这部经典的科普著作，我们通过多方联系，获得周煦良先生家人授权，将此书重新再版。在再版过程中，我们依据现代汉语规范，在标点、字词等方面，对原译进行了酌情修订。例如，引号、分号的用法尽量依据现代汉语规范进行修订；“底、的、地、得”等字按现代汉语规范进行区分使用；一些外国人名、地名，统一改用现在通行的译法。

这本小书曾经为许多人打开了认知物理学世界的神秘大门，希望它的再版能够让更多的读者认识物理之美，这正是我们再版此书的心愿所在！

编者

2020年6月

目 录

原　序

本书是用作者1930年11月在剑桥大学“利德演讲”原稿扩充而成。

许多人都相信，以为天文学和物理学给我们的新启示，定会使我们全部的宇宙观和认为人类生命无足重轻的态度，起一种极大的变化。这个问题当然是哲学讨论的范围，但在哲学家没有开口以前，应当先让科学家尽量报告一切已确定的事实和暂用的假设。这样而且只有这样，问题的讨论方能正当地伸入哲学的领域。

我写这本书时，时常怀疑自己应否在汗牛充栋的许多同样题目的书籍外，再加上我这一本。我除掉俗传的所谓“旁观者清”的优越地位外，并无其他特长。无论在修养或倾向方面，我都不像个哲学家。多年以来，我的科学工作都在物理学术战场的外面。

本书的前四章是全书的主体，在这里我用广泛的方法简论那些我以为有趣的科学问题，并且这些问题可供讨论最高哲学问题的资料。我指望本书可当我前著《我们周围的宇宙》(The Universe Around Us, 1929)的续集读，所以竭力使本书不和前著重复。但有些和主要讨论有关的资料只好例外保留，以使本书完备。

最后一章和前四章站在不同的立场，谁都有权利从近代科学所贡献的事实中，引出他自己的结论。这一章所讲的，只是我这个哲学思想界的异客，个人感觉要在全书大部分的科学事实和假设上加以按语。许多人将不以我为然，这在我写书时已能算到了。

詹姆斯·金斯

1930年

再版序

在预备本书第二版时，我曾将书中前四章的科学资料刷新，并且除去所有文字上的晦涩。原书中有几段常会意想不到地被人误会、曲解，甚至胡乱引用，我觉得是件憾事。这几段中有些已被我删掉，有些重写过，有些扩充了，还有些地方插入一段新文字，有时甚至一整页。我希望这一来可使书中的理论能清楚一点儿。

詹姆斯·金斯

1931年

译者序

詹姆斯·金斯（James Hopwood Jeans）生于1877年，英国剑桥大学出身，历任剑桥大学数学讲师，白灵司顿大学应用数学教授，剑桥大学应用数学讲师，英国皇家学会秘书，现任威尔生山天文台特约研究员。金斯是英国天文学和物理学界的权威。这本《神秘的宇宙》是他近年来用通俗文字所写的书中销行最广的一部。本书依照原书第二版第二次改正本译成，是原书最近的形式。

金斯是现今很少数的，能用新兴物理学题材，写成轻快文学的人。《神秘的宇宙》写来有如一部科学的童话，作者使我们如爱丽丝一样，身历相对论和量子论所揭示的宇宙的奇境，同时很愉快地把握着物理学在哲学上引起的许多重要问题，这些也是现在科学界和哲学界讨论得最生动的问题。科学家在这方面参加的比哲学家尤其踊跃。物理学发展得太快了！昨日认为基本的概念，今日已成为更广的概念中一个凡例。哲学家的许多意见往往因此失掉重量，甚至于错误，而哲学家又往往太慢或太虚心来给我们以更新的意见。所以我们要研究物理学上最近引起的哲学问题，只好转向科学家，如爱丁登[1]及金斯等的著作。他们都是把科学从许多先入观念中解放出来，使科学成为哲学的友人，在另一方面，他们的唯心哲学也很强烈地反映十九世纪科学家的唯物哲学色彩。金斯的这本《神秘的宇宙》虽是一本小书，却包括了他的全部思想。他最近出版的《科学的新背景》(The New Background of Science)只不过是将这里的意见更详细地叙述。

1.剑桥大学天文学教授所著，《物质世界的本质》(The Nature of the Physical, 1928)可作本书参考。辛恳书店有译本，我未读。

金斯在本书中虽有些地方对牛顿表示推崇，但他所攻击的传统物理学见解实也是从牛顿因袭下来。牛顿的物理系统以他的空间观念和物点观念出发，空间容留物点而不为物点所影响，物点又各别独立着。每一物点本身是个小世界，而宇宙不过是许多小世界的总和。牛顿的这种分别纯然是抽象的。物点如果真是各各为空间隔绝着，物体间如苹果坠地的距离作用就是一件不可思议的事。这系统的完美能在一方面保持物理世界和我们感觉世界的密切接触，另一方面又能贯彻严格因果律的叙述。但是，为保持两者的均衡，牛顿只好在他的物理学上加进一个赘余的吸力观念进去。牛顿以后的物理学者每逢到一种不能解释的现象，也都效法牛顿，所以到了十九世纪末，牛顿的单纯物理系统已充满累赘的观念，如磁场、以太等等。正如金斯说道："以太的数目差不多和物理学上不能解决的问题一样多。"

爱因斯坦的相对论一下把吸力、以太这些观念扫除，而用一种四元空间代替了牛顿的三元空间和一元时间。在两点上，爱因斯坦可算把牛顿的物理基础完全推翻。（一）牛顿的空间是静止性，而爱因斯坦的空间是弯曲的，而且扩张着。空间不但失却它的单纯，并且也失去和我们感觉世界的接触。（二）牛顿的空间是和物质对立的，或者说，空间只有比物质更独立些。空间可以不借物质存在，而物质却非占有空间不可。但是爱因斯坦的空间却是被物质占据的东西，物质影响不能及处也没有空。所以空间的有限、弯曲和扩张性都不过是物质决定的性质，或物质相互关系的形容。这第二点实很重要，它指出空间并不是一件绝对的东西。最近波力学里西莱丁家就用七元空间、十元空间，或更多元的空间以形容电子相遇的现象，而波尔更是一下把电子的时空取消，所以在宇宙的风景画中，我们没有绝对方法能分出什么是物中景，什么是景中物。牛顿在这里取出三元空间做背景，爱因斯坦却嫌牛顿所取的太少，而波尔又嫌牛顿所取于一个电子的太多。所以时空只是物理学家理想中的一根大尺。或如金斯说，一个参考的廊郭。

牛顿的空间的绝对性和物点的独立性原是互相依赖的。空间既不是绝对的，物点也不能是独立的、隔绝的。牛顿的隔绝的物理系统原只有理论上存在，一切物理的观察，无论是用肉眼，或显微镜，或一张干片，都要观察者和观察物中间起一种物理反应，这就使物体的独立失去意义，海森堡的不定原则更进一步告诉我们，物点如果小到一个电子时，它的整个情形就没法观察。位置和速度的精确，两者必得牺牲其一。电子位置的决定，最精确的方法是用一个光子从电子上反射出来。光子波长愈短就愈精确，但是光子波长愈短，给予电子的撞击也愈大，电子速度的变更也愈甚。反过来仍然一样，长波的光子可以不致多大更变电子的速度，但长波的振数太慢，却不能给我们指出电子的位置是在某时间的位置。我们要观察电子的全部情形，就像空手去捉肥皂泡，只捉到些水滴。

心理学上有一种内省法，很受到许多科学家的非难，以为是主观的，并且是不科学的方法。他们的理由是，内省会毁坏所观察的对象。但是科学家认为客观的实验方法现在也出了同样的毛病。我们如果执着物理学是以实验始实验终的科学，只好也说物的独立只在我们主观上存在。物理学家为要保持物点观念的一贯叙述，只好把电子的时空取消掉，但是这一来却使电子的质点性更加难于想象。在我们感觉世界中，电子的存在不但有一个过去，并且也伸入未来。同时，物理学最近的发展证明电子的波动性，并不如波力学者谦虚的说法，只指我们对于个独电子在集团行为中的大概知识。它也是和质点观念一样，是一个很基本的观念，并且有理论的发展性。物理学现在有比金斯写这本书时更充分的证据来指出，在稍复杂的原子现象中，电子波动性的解释比质点性的解释更能令人满意。金斯在《科学的新背景》中说道：

物点的图画暗指用时空表现的可能性，波动的图画暗指这种不可能性。

所以：

时空的放弃是进向波动图画的第一步。……质点图画替我们引出波动图画后，已完成它的工作；我们可以从此不再理会它。（原书二五三页）

金斯这种激烈提议，我们纵使不能匆促接受，却不能不承认电子的质点性和波动性是一种并行而且互相补充的性质。质点性替电子保留本身的个独，波动性又使它弥漫全宇宙，浸润一己以外的一切生存。所以事实上只有全宇宙是一个独立的物质系统。

这一来也就引起严格因果性的动摇，严格因果性本是牛顿原子主义的产物。一个因的动作要产生同样不爽的果，必先假定因的能和外界隔绝，宇宙后一刻情形要能为早一刻情形决定下来，也要假定我们通常的所谓时间在物理世界中的存在。这两种假定现在都已不成立。海森堡告诉我们，量子论所研究的电子现象只能：

(一)在时间、空间中用不定原则形容。

或者:

(二)单用数学表现一个因果关系,却不能在时空中描绘现象[1]。

前者要牺牲因果的严格性或准确性,后者要牺牲真实,就是,牛顿的物理世界与感觉世界的完美接触。两者必得牺牲其一。这使宇宙后一刻情形是否为早一刻情形决定下来这句话不但无法证明,并且毫无意义。

严格因果性的动摇,使许多科学家认为,自然界的固定性只是我们盲目的信仰。科学很可不理会这些,而只从事用大概性形容事件的次序,或现象的继

1.见海森堡所著《量子论的物理原则》(The Physical Principles of Quantum Theory)页六五。金斯在《科学的新背景》中亦引此,见页二五八。

续。这种态度可以金斯所引狄拉克的一段话为代表:

如果我们把试验重复过许多次,就会发现每种特殊结果在总次数上总占有一定的次数,所以试验无论做多少次,我们能说得到某种特殊结果的大概数目。理论上,我们能量的只是这种大概数目。(本书第二章。)

金斯引这段话时没有注出狄拉克的原书,我们不能断定这就是狄拉克的全部见解。不过这里所表示的却是科学家中一个很普遍的态度,就是认一切科学定律都只是现象的数学叙述,所以都是统计性质。这种说法看来虽属简便,有些地方却讲不通。科学家在这里根据的不是先天大概性(a priori probability),而是后天大概性(a posteriori probability)。先天的大概性是纯数学的演绎,后天的大概性只不过是经验的记录。在这里,科学没法说,某种特殊结果在总次数上"总"占有一定的次数。实验的统计结果只是关于实验本身的死知识,而统计律则须包括其他相似的现象。要使统计结果升为统计律，必须假定统计的结果除了它本身以外，还昭示了一个普遍的原则。这不多不少也正是固定论者所要求的自然一致性。自然如果真是一个无常的混沌世界，毫无条理可寻，则虽大概性亦不能给我们以了解自然变化的线索。大概性并不能止于是数学的运用，而是一样要有求于自然的老师，并且只有更麻烦些。它定要自然的老师把同样的功课重复许多次，否则它就什么都没有学到。

所谓自然的一致性或固定性是否就是严格因果性是另一问题，不过不能以严格因果律为幻觉，或是偶然的数学性质，便算解决了固定论。同样，固定论者如普朗克也倾向于把自由意志说成一种幻觉。他以为自由意志问题只问：

一个人是否能或不能感觉自由[1]。

我们认为这并不是感觉不感觉到，而是，是不是的问题。我们询问自由意志时取的是一种理智态度，这也是我们询问宇宙性质时所取的同一理智态度，所以必须一贯。所谓自由是怎样的一个自由，它和固定论究竟讲得通讲不通，我们后面还要看。不过人如果是自然的一部分，而自然又是受严格因果律统制着，则他所感觉的自由便是幻觉，而他的行为，无论他感觉与否，也不能算是自由决定的行为。

还有，科学家讨论固定论问题往往把科学的效果和科学的真实性混为一谈。严格因果律无疑在物理现象的联系和控制上是最有效果的方法，但这样只不过是达到科学的实用目的。严格因果律所揭露

1.《近代物理学下的宇宙观》(The Universe in the Light of Modern Physics)页八五。商务有严德炯译本，页六五。普朗克去岁又出《科学到哪里去》(Where is Science Going?)对自由意志与固定论问题有更详细的讨论，但前书已够包括他的见解。

的事实是否就是宇宙的真相是另一问题。在这方面的讨论上，我们很可不必再牵涉到效果上面去。

在金斯看来，自然的一致性并不一定，不是严格因果性便要是不固定性。它可以有一个更广的意义。我们用目前的知识去想象它，也许觉得它复杂到没法想象，但是我们若能明了宇宙的本质是什么，也许不难看出这些固定与不固定都只是表面的矛盾。所以他在本书的前数章虽曾点示自然界有种不定性，以至于像人类自由意志的表现，但最后却指出：

自然表面的不固定性也许只是因为我们要把多数元中发生的事件，缩进少数元中去的结果。（本书第五章。）

鸟在空中飞，它投射在地面的影子并不一定，虽则它实在的飞行或许有一定的规则。（《科学的新背景》页二六一。）

金斯以为自然界的矛盾太多了，心和物的矛盾就是一个。心和物若是如笛卡尔所说，不同的太难互相影响，那么自由意志就是一件在物质世界中和我们感觉世界中无法见着的事。所以在本书和《科学的新背景》中，金斯都以心物关系的讨论结束全书。他指出宇宙是数学的而且是心灵的性质后，就不再回到固定性和自由意志的问题上去。

金斯的宇宙观的基本论点是：（一）因果必须有相同的性质方能发生关系；（二）纯数学的观念完全不借外来经验，而纯是人类思想的产物；（三）自然可毫无遗漏地用数学描写。这三点都不是没有可非议处。金斯全部的论调极富于提醒，而难使人心服，还要一个更完备的哲学系统为之辩护。在这没有做到以前，他对固定论和自由意志问题的答复止于是不完全的形式，所以我们不妨把这些问题再充分讨论一下。

不定原则在物理学上引起的不固定性只是测量的不可能。物理学者如普朗克尽可承认：在甲、乙、丙三个关联的因果中，我们要量得乙，也许先要得到甲和丙，然而坚持事实上还是甲决定乙，乙决定丙。在另一方面，一个人也可说，我们既然非量出甲和丙方能得到乙，乙就不单是甲，而是甲丙共同决定的。如果要这样说，不定原则也没有理由可以禁止他。所以我们不妨称普朗克的为严格固定论，这里只是过去决定未来。后者为广义固定论，在这里是过去和未来共同决定现在。这里大可不必再举出第三种单是未来决定现在的固定论，因为我们可以想象得到，严格固定论者已经会立刻提出抗议，说："未来能和过去一同决定现在吗？未来是不存在的。"

但是未来是会存在的，它会成为现在，并且经过现在成为过去。未来若不存在，过去也不存在。所以未来、现在、过去的分别并不是不存在，而是时间的前进性的表现。时间有一种空间所没有的不可逆性。这种不可逆性，我们可以直觉到，也不容物理学否认。不过时间的不可逆性虽能保存过去与未来之分，却不能证明甲决定乙，时间若能倒流，乙固能决定甲，时间即使不能倒流，现在的乙也可以在未来中产出甲来。这样并没有违反时间的顺序，然而事实上，乙却产出丙。

所以我们要证明甲决定乙，不能只用时间不可逆性作形式上的空辩，这一定没有结果。我们必须顾及甲乙丙事件本身的性质。甲乙丙并不能这样抽刀断水地分开，它们必也有一种和时间相似的不可逆性。

有许多可逆与不可逆的事件，都可不借时间帮助而想象得出来。水结为冰，冰还化为水，是可逆的，一张纸撕破不能再完整，花谢了不能再开，人不能再少年，人死不能复生，都是不可逆的。不过这些除了最后的一件外，都不能无可非议。生理学家和医学家现在正充满希望地研究生命腺的作用，这研究若有一日透彻，老就不是一种不可救药的病。同样，生物学将来也许进步到能使花重开的一日，这只有比使人转老还童更容易。至于一张纸，我们只要不怕麻烦，送到造纸厂去，就可如新地造出来。

我们从前认为许多不可逆的事件，经科学研究的结果，都证明并不是不可逆的。物理学上力学定律等严格因果定律所研究的现象，在理论允许的情形之下，都是可逆的。严格因果律的显微镜把宇宙的每一部分都检查到，但收集来的仍不是宇宙的完全图画。我们要找寻不可逆的事件，只有去转向自然界大规模的现象。这样我们就得求助于物理学上的热力学第二定律。春夏秋冬如沙一般泻下，热力学第二定律量时间的沙就是死热。死热在宇宙内总量的增加和时间的箭头指着同一方向，它只能增加，不能减少。

物理学者称热力学第二定律为次等律，因为它并不能解释许多细微现象，但这正是因为它研究的并不是细微现象，而是大规模事件。我们没有理由说统治大规模现象的定律一定没有统治个体行为的一等律可靠，一等律用在大规模事件上也一样只能给我们一张模糊的图画。热力学第二定律上的死热是一种无组织物质形势中的能的测量，或者说，能的无组织性。组织和无组织都是集体现象。都不是一等律研究的范围。这是物理知识的一块新园地。

我们不知道宇宙是否为物理学家所形容的，一个在总崩溃中的组织。如果是的，那么自然的不可逆性便只是原有组织的乖离。这样就无所谓表现自然一致性的固定律。军队的崩溃和纪律的退却完全是两件事，崩溃并没有一定的规则。但是，如果相对论指出的宇宙的膨胀性也是一种不可逆性，那么物理学所形容的那种原子盲动的状况便不能是想象得到的宇宙最后的境界。这最后的境界也许更没有组织，不过也可形容为和宇宙开始情形相仿的，一种不固定的、静止的、和谐的永恒。这样，自然的顺序便有点像有计划的从一种永恒到另一种永恒，而自然界的固定性便可说是一个计划的部分表现。

所以我们要能证明甲决定乙、乙决定丙，必须证明甲乙丙有一种不可逆性，这种不可逆性只能在一个整个宇宙计划中见到，所以固定性只是一个计划的表现。宇宙的创始是整个宇宙历史计划的决定，这是唯一的决定，也是唯一的因。这种说法和固定论并无冲突，不过是在固定论中除去一句话，就是“一件事是不可避免地由事前情形决定”，或“过去决定了未来”。这是一种不完全的说法，并且是错误的说法。它不但使人没法理解，并且没法拿来解释自然界生命的现象。不可逆性在生命的现象中只有更加显著，生命的行为有一个完整的意义，它也是一个计划，或目的表现。生理学家也许能做到使我们的身体永远保持壮年的健康，但决不能使生命倒流。生命的电影不能倒过来映演，也不能一页页分开看。

但是，在生命的现象中，我们知道的还更多一点。我们不知道宇宙计划的唯一因是什么，却知道这些生命现象的唯一因是我们自己。一个人可以把马领到水边，一千人却不能使它饮水，只有它自己能决定饮。一个人做某件事可以有种种理由，但这事的做与不做只有他自己能决定，自己决定就是自由决定，或自由意志。自由意志论者说第一因，我们说唯一因，因为没有第二因。

有人也许要问，我们既是自然的一部分，而自然又是有一定的计划，我们的行为只不过是自然大计划的表现，所以依旧不能是我们自己决定。但我们也可以说，自然所决定的计划既只是一个计划，只要不违反这计划的就都可以存在。没有一个计划能决定一切琐碎的事，因为这些都与原来计划无关。计划内还是有自由，不过和计划外的自由不同而已。

金斯甚至于要说，人并不是自然的一部分。自然存在于一个大心灵中，我们的思想、想象，都存在我们心中。这样把心灵和身体以及自然分开，心灵的自由就成为毫无问题的事。问题只是这个自由怎样在自然界中实现。

金斯这样解释自然和人的关系正好把我们转移到他最初提出的，宇宙对人类活动漠视的问题。他回答这问题道：

我们不应当为我们自己思想创造的结构的大小所惊心，或为他人所想象、所形容于我们看的这些东西所动……宇宙的广阔应当是一种满足而不是恐惧，我们不是一个小城的居民。（本书第五章。）

据我们看，宇宙对人的漠视并不能以宇宙是神的思想产物为满足的解释。我们固然不应当对自己的创造品惊讶，但他人所想象、所形容于我们的东西，如宇宙的空阔，和我们在宇宙中的琐细地位，却没有理由不使我们诧异。我们若要以此自炫不是小城的居民，必先要找出这宇宙的大城有它可骄傲可欣羡的理由。神的国土不一定是乐土，除非统制的是一个善意的神，并且允许我们在他的国土里寄托我们的期望。然而这却是热力学第二定律所拒绝的；热力学第二定律却不像严格因果律那样容易动摇。

所以我们兜了一个圈子，还是回到老地方。宇宙无论是心灵的，或是物质的，宇宙和人的分别依然存在。心和物的分别只是改为心和心的产物的分别，心和物的冲突只是换做我心与他心的冲突。也许这问题本身的问法就是个问题。宇宙与人生是否冲突，先就要弄清什么是人生的意义。“未知生”，个人的死已够我们迷惑了，更管不到宇宙的死。这样就牵涉到包括善恶、是非、美丑等价值观念的问题。这些都不是物质的观念，或数学的观念，但也许是心灵的观念，所以金斯或许也能把这些观念掺进他的心灵创造的世界中去。不过他这本小书的目的是告诉我们神秘的宇宙，这神秘的人生问题，他只好留给我们自己去寻思了。

周煦良

1933年5月译竟

1934年8月序于北平

卷首语

我说，你现在要看我们的本性到底是明白还是糊涂，让我们先借一张图画来作比方，你看，很多人住在一个地洞中，洞口朝光，一直照到顶里面。这些人从小就拘囚在洞内，头颈和腿都被链子锁着。他们的头因为锁着不能转动，所以只能向前看。他们头上和背后，远远燃着一堆火。在火和这些囚徒之间，有一条高起的路，沿路筑就一道低墙，很像提线戏人用的布幕，在幕上玩着他的木头人戏。

我看见了，他说。

你还看见吗，我说，有些人拿着各种物件在墙下走过？在墙头你能看见各式各样的瓶和木刻或石刻的人物鸟兽。

他说，你给我看的是一张奇怪的图画，这些囚徒也奇怪得很！

他们和我们一样，我说。他们是不是只看见火光在对面洞壁上映出的，他们自己和些别的东西的影子？

不错，他答道，这些人的头如果不能转动，除了些影子怎么能看见什么别的东西。

那么，那些拿来拿去的物件，他们是不是也只能看见些影子？

当然。

……

我说，那么这些人的真理只是物件的影子而已！

——柏拉图《理想国》卷七

第一章

消逝着的太阳

有几颗星据我们所知并不见得比地球大，但是多数的星是大得可把千百个地球装在里面，还空空有余。有些时候我们会碰到一颗巨星足可包含亿兆个地球。而宇宙间星球的总数差不多和全世界海边的沙粒那样多。我们的家园——地球，所占的空间和宇宙全数的物体比较起来，就是这么一点点。

这一大群一大群的星都在空中游荡着。有些自成一组结伴游行，但是多数的星都是孤独的旅客。他们所旅行的宇宙是这样空阔，说是一颗星会走近另一颗星，简直是意想不到的罕事。每一颗星大都是灿烂而隔绝地航行着，像一只船在空旷的洋面一样。用缩小的模型来说，假如群星都是一只只的船，那么每一艘和其最邻近一艘中间的距离总在一百万英里以上，以此我们当很容易明了，为什么两只船很少达到打招呼的距离。

然而我们相信这件罕事，约莫在二十万万年前却发生过一次。另外一颗星盲目地在空中游荡着，碰巧走进和太阳星可以打招呼的距离。那时候，这另一颗星，就像现在太阳和月亮在地球上引起潮汐一样，在太阳球面上也一定引起潮汐，不过那些潮汐当迥异于月球那一点大的物体，在我们洋面上所引起的微弱的潮水。那时太阳球面上一定隆起一片极大的潮头，终而形成一座庞硕无比的山峰。那颗骚动的星愈走近，这山峰便愈升愈高，直到那颗星开始离去以前，它那种潮汐的引力变得极强烈，这座山峰在引力下被拉得粉碎，于是像浪头溅出水花一般，洒出些碎屑子来。这些碎屑从此便绕着它们的母体太阳走，成为太阳系大小诸行星，其中我们的地球也是一员。[1]

我们在天空看见的太阳和别的星球都有极强烈的热度，热得简直没有生命的插足地。那些太阳洒出来的碎屑，起初也是一样热，后来渐渐冷下来。到现在，它们固有的热已所余无多，它们的温度差不多全从太阳对它们放射的光热得来。在时间的过程中，不

1.关于行星系的产生还有拉普拉斯（Laplace）在十八世纪创出的星云说，他认为太阳起初是一种自转的气体星云，因旋转而掷出行星。这种说法在天文学上久占地位。金斯研究星体的旋转，以为只能产生双星系，故另创他星接近说以解释行星系的产生。

晓得是何时，不晓得怎么样，也不晓得是什么原故，这冷了的碎屑其中之一忽然产出生命。那些生命的起头只是简单的有机体，它们生命的能力差不多只限于生育和死亡两件事。但是，从这一点微贱的开始却发出一道生命之流，一步比一步变得更复杂，终于形成一种生物——这些生物生命的中心是他们的情感和志愿，他们美术的欣赏，和寄托他们最大希望和最高尚冀图的宗教。

人类的产生，我们虽不能一定，这样来的可说是最像了。现在，我们站在一粒沙的、微菌大小的碎屑上，却想在我们周围这上下古今中，发现宇宙的性质和目的。我们第一个印像差不多等于一种恐惧。我们觉得这宇宙简直可怕，因为它的距离是那样寥阔而无意义，因为它的时间是那样意想不到地悠长，使人类历史比起来只等于一瞬，因为我们是极端的孤寂，因为我们物质的家园在空间的地位是那样琐小——只抵恒河沙数一粒沙的百万分之一。但是这宇宙比一切更可怕的，是它对于我们这样生命的漠不关心。我们的情感，志愿，过去的努力，我们的美术和宗教都好像与宇宙的计划不合。我们也许应当说，宇宙是活活地敌视着我们这样的生命；宇宙大部的空间都极其寒冷，生命入其中只有冻毙；空中大部分的物质却又是那样酷热，使生命在上面无法生存。空中到处有阻碍，而天体又一直被各种放射物轰击着，这些放射物多数能妨碍甚至能毁害生命。

我们失足于这样一个宇宙中，虽不能准说是一种错误，至少可适当形容为一种偶然或意外。说是意外，并不定指对我们地球的存在含有一种惊愕，意外的事总要发生的。如果宇宙的存在够长远，任何想象得到的意外的事迟早好像都要发生。记得是赫胥黎（Huxley）说过：使六个猴子无意识地敲着打字机，敲亿万年，迟早总会把伦敦博物院内所有的书都誊录下来。假如我们检阅内中一个猴子最后打成的一张，而发现它瞎敲的时候，竟打成一首莎士比亚的十四行诗，我们当然认为这是一种意外的事，但是我们如果再看看猴子等在这亿万年中所打成的亿万张纸，当会恍悟，在这里面找到一首莎士比亚的十四行诗，只不过是“机会”盲目的游戏。同样，亿兆颗星盲目地在空中游荡亿兆年，自也要碰到各种意外事情，有几颗星必然会碰到特别一种产生行星系的事。不过据我们计算，有行星系的星球和天空星球的全数比较，就算多也多得有限。行星系在天空中一定是极其希罕的东西。

行星系的希罕是一件重要事实，因为据我们所知，地球上所看见的生命，只能在地球这样的行星上发生。生命的出现需要适合的物质状况，其中最要紧的是一种可使物质保留液体状态的温度。

那些恒星本身都热得太厉害，不适宜生命的存在。我们可以把它们比作一大群散布于太空的烈火，用它们的温热供给一个至多只在绝对零度上四度——约华氏表冰点下四百八十四度——的空间。银河外面一片空间的温度比这还要低。离开火就是这冰点下几百度不可思议的寒冷，接近来又是几千度的高热，其中一切固体化为液体，一切液体都要鼎沸。

生命只能存在于和每团烈火相当远近的一圈温带中。圈子外面，生命只好冻毙，圈子里面，生命都要枯萎。照一个粗忽的核计，这些容留生命的圈子，通共加起来，还不够全空间一千兆兆分之一。便在这些圈子里面，生命的存在也是罕有的事，因为恒星中像我们太阳这样抛出行星来的极为少有，十万颗恒星中约莫只有一颗恒星，有行星在这生命可能的温带中绕着它母体转。

因为有这些道理，如有人要说，宇宙的设制第一是为了产生我们这样的生命，是不足置信的。假如这样，我们当可指望在这生产规模和生产量间，找得像样点的比例。至少初一看来，生命好像完全是一种无足重轻的附产品。我们众生总有点像不合乎天地的顺序。

我们不知道，仅仅适宜的物质情形够不够产生生命。有一家思想认为，地球渐渐冷了下来，生命差不多是自然而然，并且不可免地要产生出来。另一家学术以为，有第一件意外事产生了地球，仍必需有第二件意外事才能产生生命。生物的物质成分完全是寻常的化学原子，例如我们在煤烟寻得的炭质，在水中寻到的氢和氧，在空气中占大部分的氮等等。生命所必需的种种原子在新生的地球上一定早已存在。有时候一群原子也许碰巧照着生命细胞中原子样式排配起来。这，只要有充裕的时间，一定会碰得到，就像那六个猴子，有了充裕时间，一定会打出一首莎士比亚的十四行诗来一样。但是这样一排配起来，就是个生命的细胞吗？换句话问，一个生命细胞是否只是一群寻常的原子，依照一种不寻常的排法而成，还是不仅这一点呢？生命的细胞是否只是一群原子呢？还是原子之外再加上生命？再换一种问法，一个技巧胜任的化学家用那些必需的原子造出来的生命细胞，能不能像小孩用“麦卡诺[1]”造成的机器，使其立刻就能走动呢？这里的回答我们不能知道，哪一天有

1.“麦卡诺”（Meccano）一字不见经典。这里大约指一种机械构造材料的玩具。英文中常见用商标名字代表常见而难于形容的货品。Kodak代表照相机，已见《牛津字典》中。“麦卡诺”想来也是一种玩具的商标名称。

了回答，天空中别处的世界是否有生物居住的问题，我们当可得些线索。这对于我们对生命的解释一定有极大的影响。其在人类思想上所起的革命，可以说比伽利略（Galileo）的天文学，达尔文（C.Darwin）的生物学还要大。

据我们所知，生物的成分虽只是些寻常的原子，那些原子却大都有种特别能力，能结合成异样大的球或分子。

多数的原子并没有这种能力，例如氢和氧的原子虽可化合为二氢（H_2）或三氢（H_3）、氧（O_2）或臭氧（O_3）、水（H_2O）、二氧化二氢（H_2O_2）等分子，但这些化合物没有一个含有四个以上的原子加进氮，这情形并没有多大变动，氢氧氮的化合物比较上都包含很少的原子。但再加入炭，这情形便大不同，氢氧氮原子和炭原子结合，可以构成包含百个千个甚至几万个原子以上的分子。有生的机体大多由这样的分子构成。一世纪前，人们普遍还以为，要制造有机体中各项成分，必须有一种“生的力”（vital　force）。后来维拉（Wöhler）用寻常化学的综合作用，造出和兽类身上一样的尿质$CO(NH_2)_2$。接着生物上别种要素也逐渐制造出来。从前认为由“生的力”所起的现象，现在都逐一归原于寻常理化作用所致。然而，这种问题的解决还远得很，我们现在越发觉得，使生物异于无生物的并不是由于一种“生的力”，而是由于有那极为司空见惯的炭质，因为炭质和别的原子在一起总构成特大的分子。

果然如此，那么宇宙中所以有生命的存在，只是因为炭原子有那特异的性质。这也许是因为化学上炭原子在金属与非金属间，占有一种特殊过渡性质的原故。但是据我们所知，炭的物质构造并没有什么特点可供解释那种牢系他种原子的特别能力。炭原子的构造是六个电子（electron）环绕着一个适当的中心电核（nueleus proton），如同六颗行星环绕着一个中心的太阳一样。在原子表上，炭和它两个最近邻，硼（boron）和氮所不同的，只是比前者多一个比后者少一个电子，然而这一点不同却要我们拿来对一切生命和无生命的区别，下最后的解释。这六个电子的特别能力无疑地是藏在自然的至理中，但现在的数理物理学还没有探索得到。

化学上还有别种相仿的例子。磁性现象在铁中最为显著，在它的邻居镍（nickel）和钴（cobalt）中就差一点。这些金属原子都次第含有廿六、廿七、廿八个电子。此外一切原子的磁性和它们比较，差不多等于没有。这些金属的磁性，尤其是铁，好像总由于那含有廿六、廿七，或廿八个电子的原子，有一种特异性质，但是数理物理学也还没有弄出点头绪。放射性是第三个例子，除了些细微的例外，放射性只限于含有八十三到九十二个电子的那些原子，到底是什么原故，我们也不晓得。

所以化学只能告诉我们，生命和磁性放射性都是一类的东西。宇宙是为运用几条特别的规律而创设的。因为有这些规律，几种有一定电子数目的原子，例如六、廿六到廿八，八十三到九十二，都会有一种特异性质，各各发为生命、磁性、放射性等种种现象。一个万能的创始者，不受任何限制，当然不会为通行于目前宇宙中的规律所束缚。他当初很可在那无数的规律中，另外挑出一组以建设宇宙。假使他那时挑选了另外一组规律，别的原子也许会联带生出别种特殊性质来。我们设法知道将是怎样的特殊性质，但敢断言磁性，或是放射性，或是生命，好像都不大会计划在内。用化学眼光看来，生命和磁性放射性一样，也许只是管辖目前宇宙一组特别规律的偶然结果。

有人也许连“偶然”这个词都要责问为什么用它。因为假如宇宙的创始者，就为了要引导生命的出现，才选定这一组规律；假如这就是他创造生命的办法，那还有什么“偶然”可讲呢？这样的责问，假如我们总视创始者为一种放大的人形，同能为我们的情绪和兴趣所动，我们简直没法回答，至多只能点出，这样一个创始者既经设定，一切理辩都无济于事。但是，如果我们摈弃一切以生人附会鬼经之说，那就没有理由可以说，宇宙的现行律是特为制造生命而设。

这样说得上，说宇宙的规律是为制造磁性和放射性而设也一样可以说得上，其实这样说还更加像点，因为物理学在宇宙中的活动范围，无论怎样说都比生物学的范围广得多。从严格的物质观点看来，生命那种无足重轻的情形足可破一切认为生命为宇宙大匠的特别关心之说。

我们用个很小的比方可以使这情形更明了些。一个没有想象力的水手，惯会结绳，也许想如果结绳不可能，航海也就不可能。可是用绳打结只限于三元空间。在一元、二元、四元、五元或再多元的空间里，结都没法打。于是我们这没有想象力的水手也许就从这点事实上推想，以为仁慈的创始者一定于水手特别爱护，所以特别选定这空间为三元的，使打结和航海都能在他创始的宇宙中办得到。省事点说，空间是三元的，庶几能有水手。这和上节所述的道理好像无甚高低，因为生命的全体和打结都很像在一条水平线上，两者在物质宇宙的全部活动中都只占着些极琐碎的部分。

就现在科学所能告诉我们的，我们的由来就是这样古怪。放过这生命发源问题，而想明了生存的目的，或预测命运之神替人类安排的前途时，那我们只有更加茫然了。

我们所知道的一种生命只能在光热适宜的情形下生存。我们能活着，只是因为太阳放射到地球上来的光热数量恰当。这平衡的数量一搅乱，或增或减，地球上生命非消灭不可。并且要紧的是，这里的平衡很容易被搅乱。

原始的人，当初在地球上温带居住着，一定用一种恐怖的目光，眼看着冰河时代光临他们的门庭。每年冰河总要冲到山脚下比去年更远的地方，每年冬天，太阳总好像更不够供给生之需要的暖热。他们那时定像我们一样，觉得宇宙好像是敌视生命。

我们近世的人，住在环绕太阳一圈的温带中，窥视那悠远的将来，也看见一种不同的冰河时代向我们恫吓。希腊神话中的坦塔罗斯站在一湖深可没顶的水中，然而还是注定要渴死。同样，人类的悲剧是，尽管宇宙间大部分的物体依然热得不能驻脚，我们恐怕还是注定要死于寒冷。因为太阳没有外来的热，它那养活生命的放光射热一定逐渐减少。这样下去，空间可以保存生命的温带圈当然向太阳收拢来。地球要仍旧为生命的寄托所，必须逐渐向这消逝的太阳移近。然而科学告诉我们，地球这时非但不会移近，且将受无情动律的驱逐，远离太阳而到外面冷暗的空间去。据我们所知，除非那儿天体忽然撞击，或地面忽起大变动，用更快的死法收拾了生命，这些无情的动律将继续行使，直到地球上生命全冻死为止。这种预测的命运并不单指地球而言，别的太阳也非死去不可，别的行星上如有什么生命存在，一定也要遭同样不光荣的结局。

物理学同天文学说一样的话。丢开天文学上一切不讲，单就普通物理原则上所谓热力学第二定律的预测。宇宙也只有一个结局，那就是“热的消逝”，宇宙间一切物体都成为同一温度。这样的温度将要低到使生命不可能。从哪一条路达到这最后境界是毫无关系的，“一切的路都是到罗马去”。总而言之，我们旅程的终点是普遍的死亡。

那么生命等于什么呢？是失足，差不多由于一种错误，于一个宇宙中——这个宇宙显然不是为生命而设，并且从各方面看来，不完全漠视生命，便确然敌视生命！生命是留恋在一粒沙的碎屑子上，直到冻死为止！是在这片刻间方寸地徜徉着，同时知道我们的冀图总然归于泡影，我们的事业也将与我们同归于尽，只剩下一个好像从来没有过我们的宇宙！生命就等于这一点吗？

天文学提出了这个问题，我想我们必须向物理学求答案。天文学能告诉我们的是，目前宇宙的布置，空间多么阔、多么空，和我们在宇宙中的地位怎样的琐细。天文学甚至能告诉我们，时间过程中所起的变迁及其性质。但是要替我们的问题找个回答，我们必须深入事物，刺探其根本性质。这种探索已越出天文学范围，而将我们卷入近代物理学的中心了。

第二章

近代物理学下的新世界

原始的人一定觉得自然界的简则头绪纷繁。最简单的现象可以重复无限次;没有承托的物体一定坠落;石头丢在水中沉没,而木头又会浮起。然而别的稍为复杂点的现象却没有这样一致。雷电打倒林中一颗树,邻近同类的树,同样的大,却脱身无恙。上次的新月带来好天气,下次的新月却带来凄风苦雨。

他们眼看着这样的世界,从各方面看来,都和他们一样无恒,第一件心思就是用自己的意象图绘自然。他们把宇宙中那些表面古怪纷繁的经过归究于神祇的妄念和欲望,或善意恶意的次等精灵。经多年的研究,才发现了伟大的因果律。后来渐渐发觉,这律实统治全部无生命的自然界。一个因的动作,若能和外面隔绝,一定产生同样不爽的果。随时有一件事发生,都和鬼神的意思无干,而是不可免地由无情的定律根据事前事物情形造成。事前的情形,也仍旧不可避免地为更早的情形决定下来。这样无止境地追溯上去,万物的全部经过都早被世界历史最初一刻的情形丝毫不爽地决定下来。这样定规好,自然界只有一条路，向一个注定的结局走去。简单说，上帝一时的创世之举不但创造了全宇宙，并且创造了宇宙未来的全部历史。人类先前归究鬼神所为的万事，从此都丢给因果律去管。人类固然还是相信，能用自己的意志改变事物的历程，然而这不是根据逻辑、科学，或是经验，而是根据自己的本能讲话。

因果律成为自然界主要的规律，是十七世纪的胜利，这是伟大的牛顿和伽利略世纪。天空的奇观被揭示为由普遍的光学定律所致。彗星，从前认为是国家将亡、皇帝晏驾的预兆，其行动也被证明受普遍的吸引律支配。“那么自然界其余的现象，”牛顿问道，“能不能也根据机械原则，用同样方法推算出来呢？”

这一来就产生一种运动，要把全物质宇宙解释为一座机器，这种运动逐渐得势，一直到了十九世纪后半纪的鼎盛时代。亥姆霍兹（Helmholtz）那时就说“一切自然科学的目的是最后把自身解放为力学”，开尔文（Lord Kelvin）也承认他自己不懂，有什么东西不能照样造成一座机器模型。开尔文和十九世纪许多大科学家都是工程界有名的人物，另外许多科学家，自己如果愿意，也可在工程界成名。那时是“工程师”科学家时代，他们最大的野心是替大自然造许多机械的模型。沃特斯顿（Waterston）、麦克斯韦（Maxwell）等用机械性解释气体性质大为成功。这座机器是一大群圆小光滑的球，比最硬的钢还硬，像战场上弹雨一般飞来飞去。例如气体的压力是由于飞得极快的弹子的撞击，犹如下冰雹时，帐蓬的顶受到的压力一样，声音通过气体时，这些流弹都是声音的传布者。他们照样想用机械性解释液体和固体的性质，然而没有多大成功。他们又想照样解释光和引力，简直是毫无成就。然而人类认为宇宙终可完全用机械说明的信心，并不因这样无结果而动摇。他们总觉得，只要再多花点气力，全无生命的自然界终有一日能揭示为一座完全活动的机器。

这一切，对人类生命的解释都有显明的影响。因果律每扩大范围一次，机械的解释自然每成功一次，所谓意志自由就愈难成立，因为如果全自然界都遵守因果律，为什么生命定要是例外？这类的思想产生了十七世纪、十八世纪的机械哲学，接着又来了反对派的唯心哲学。科学好像偏护着全世界为一座大机器的机械观。唯心论者和这恰恰相反，企图把世界看作思想的产品，所以世界只是思想。

十九世纪初叶以前，认为生命完全和无生命的自然界独立，人并不以为和科学知识格格不入。后来人发现生命细胞中的成分，也是无生物中同样的原子，该受同一的自然律支配，就有人问，为什么那些构成我们身体头脑的特别原子，就不应遵守因果律。后来，有些人不但敢揣测，并且敢坚持地说，生命终必证明它本身纯然是机械性质。有人说，一个牛顿，或巴赫（Bach），或米开朗琪罗（Michilangelo）的头脑和一部印刷机，或一支笛，或一把气锯只有繁简之别，他们全部作用都一模无二地，反应外来所受的刺激。这样一个信条使自由选择、自由意志都无地可施，于是道德的基础也跟着取消。包二自己并不要和邵二不同，他所身受的是另外一组不同的外来刺激，自己当然没法不同。

十九世纪过后，科学思想就像万花镜中的碎玻璃一样，重行安排一遍。从前科学家只能研究，直接可用五官感觉到的大块物质。每一小块够上实验的物质，都含有亿兆个原子。一块物质固然机械般动作，但这不足担保说每个单独原子也一样动作。群众的行动和个人的行动，人都知道有许多地方不同。

在十九世纪末期，我们开始能研究分子、原子和电子的单独行动。十九世纪正来得及看见，科学上有些现象完全没法纯用机械说明。当哲学家还在争论，能否用一座机器再造出牛顿的思想，巴赫的情绪，或米开朗琪罗的兴会时，一般科学家已很快地恍悟，没有一部机器，能仿造一枝蜡烛的光，或苹果的坠地。在十九世纪最后的一个月，柏林的普朗克教授（Max Plank）对一些从来没法说明的现象，提出一种尝试的解释。他的解释不但是非机械性，并且好像无从和任何机械思想联贯起来。大都是这个原故，他提出的解释很受人批评、攻击，甚至于嘲弄。但是他的解释竟非常成功，终而扩充为现在的“量子说”（Quantum Theory），成为近代物理学扼要原理之一。这些发展在当时虽未显露，他的解释早标明机械科学时期的终结，和一个新时代的开展。

普朗克学说的最初形式除了指出，自然的程序像时针一样，是一种踪跳的推进外，并没有多大了不得。但是，时针的行走虽不连续，一架钟的性质仍然是绝对机械，绝对服从因果律的。1917年爱因斯坦指出，普朗克的学说所含的革命影响，初一看来，决不仅仅是不连续性。这学说好像完全推翻了因果律向来支配自然的地位。旧的科学宣称，自然界只有一条路可走，这条路自始至终即被一串连续的因果所圈定，继甲情形的一定是乙情形。新的科学不过说，继甲情形的可以是乙或丙或丁或许多别的情形。新的科学固然能说乙比丙，丙比丁，丁比X为更可能些，并能定出乙丙丁大概的数目。但是，就因为新的科学只能说个大概数目，所以没法肯定何种情形必继何种情形出现。这件事操在神的手里，什么神我们姑且不管。

用一个具体的例子，可以解说得更清楚点。我们知道镭（radium）和别的放射质的原子迟早都会分解为铅和氦（helium）原子，所以一块镭的质量继续减少着，而为铅和氦所代替。支配这些物质减削率的定律很特别。镭质量的减削正似一群没有生殖的人口减削一样，无论老幼都有划一的死亡率，或者就像一队兵士在绝对乱放的炮火之下的死亡率一样，简单说来，衰老之于单独的镭原子，好像全无意义，镭原子并非度过自己的一生而死，而是好像有个命运之神忽然来敲它的门，把它带走一样。

再来个具体的比方，试设想一间屋内有两千个镭原子，科学家没法说一年之后还剩多少，只能说个相当大概的数目：二千，或一千九百九十九，或一千九百九十八等等。实际上最可靠的数目是一千九百九十九，所以一年间二千个镭原子中，大概崩坏的数目只是一个。

我们不知道，这一个原子怎样特别从二千个原子中挑选出来，起初我们也许揣想，以为是一年中受撞击最多，或者所处地点最热的一个原子。但是不会，因为假如热和撞击可以分解一个原子，也可以分解其余一千九百九十九个原子。我们如要加速镭的分解，只需把一块镭压紧或加热就行了。然而物理学家都认为这不可能，他们还是比较相信，每年有个命运之神轻轻走来，敲开那二千个镭原子中的一个，强迫它崩坏。这就是卢瑟福（Ruthevford）和索迪（Soddy）在1903年提出的“自动分解”（spontaneous disintegration）的假设。

历史是会重演的。知识更充分了，我们反在莫能奈何的因果律运使中，发现自然律表面有一种无恒。我们日常讲话用到“大概”两个字，只是指我们知识还不完备。我们说大概明天要下雨，然而气象学专家知道，有阵高气压从大西洋东来，就能有把握地说，明天一定下雨。我们骑在马上觉得马古怪，马夫却知道这是马伤了一只腿的原故。同样，近代物理学之乞助于“大概”的说法，也许只是掩饰对自然界真正机械性的一种愚昧罢了。

上面所述可举一个例子阐明。二十世纪初叶，麦克伦南（Mclenan）、卢瑟福等在地球的气层中，察觉到一种新放射，这新放射与众不同的，是它那透过固体极强烈的力量。通常的光只能透过不透明物质一英寸百分之几的厚薄，我们只需用一张纸或更薄的金属片，就能把脸上的日光遮住。X光的透性就强得多，我们能弄来透过我们的手以至于身体，让医生摄我们骨头的照片。但是和铜板一样薄的金属，X光却一点透不过。麦克伦南和卢瑟福发现的放射，却能透过几码厚的铅，或其他的重金属。

我们现在知道这种放射，普通叫作“宇宙放射”（cosmic radiation），大部分来自地球外面的天空。这种放射有很多落在地球上，破坏力极强。每一秒钟在一立方英寸的空气中，约要破坏二十个原子。在我们这样一个身体中，总要破坏几百万个原子。于是有人说，这种光射在原生质上，也许就会产生现代进化论所需要的生物的抽搐变化。猴子变人，也许就是由于“宇宙放射”的作用。

有一向时，有人也揣想，以为“宇宙放射”落在有放射性的原子上，也许就是这些原子崩坏的原因。这种放射，像命运之神一样飞来，一会儿射着这个原子，一会儿射着那个原子，于是这些原子，就像曝露在枪林弹雨下的那些兵士一样，束手而毙。这一来，支配原子崩坏率的原则就解释了。但是这种揣测，用很简单的方法，把放射物质藏到很深的煤矿里去，已经推翻掉。因为这样放射物质已完全避免“宇宙放射”，却依然用同样的速率继续分解。

这种假设虽然失败，许多物理学家大概还指望能找到别种物力，以代替命运之神在放射分解上担任的职务。原子的死亡不就又和这物力的强度成一种比例了吗？但是放射性只是一件事，此外相仿的现象比放射性还要难办。

那些相仿的现象其中之一，是普通电泡的发光现象。一根热了的金属丝，从一个发动机受到能力（energy），就发为光的放射。在丝里面，无数原子中的电子都在绕着自己的轨道转。有时差不多不连续地，突然从一个轨道跳到另一个轨道上去；有时起吸收光、有时起发散光的作用。1917年爱因斯坦考察这种电子踪跃的统计，有些跳跃固然起自本身的放射和丝的热度，但是这些并不够包括金属丝所发散的全部放射。爱因斯坦以为一定也有别种放射，并且像镭原子的分解一样，是自动地发作。简单说来，这里好像也要乞助于命运之神之说。如果有什么寻常的物力，能在这里代替命运之神的职务，这种物力的力量应当影响金属丝发散放射的强度。但是就我们所知，放射的强度只靠一种天然的常数，远在最远的星球上，这数目也是一样，这样看来，好像是没有外来物力参加的余地了。

这些自动的分解或是跳跃，可以拿一种图画说明。试设想原子为一桌四个打牌的人，约定如果每人手中的牌都自成一副时，就立刻散局。一块放射物质可以比作一间大厅，里面有亿万桌牌局。假如每次的牌都重新洗过，这些牌局数目的减少可视为完全和放射物质的崩坏定律吻合。因为假如每次牌都好好洗过，牌局的久暂对于打牌的人可说是毫无关系，每次洗过牌的情形就和新起首一样。所以每千桌牌局的减少和镭原子的死亡率都同为一个常数。但是如果每次牌没有洗就拿起来分派，每次派出的牌当然视前一副牌而定，这就和旧因果律相仿。这里打牌人的减少，和实际上观察放射分解所得的数目当然不同，我们的比仿要成立，必须假设每次牌都重新洗过，而洗牌的人就是我们说的命运之神。

所以，我们虽然离确实知识还远，自然界总好像另有一种活动，对抗着铁面无私的旧因果律。未来并不是如我们习惯的想法，是不易为过去所决定的，至少有一部分好像是操之于什么神的掌中。

此外，许多研究也含有同一倾向。譬如海森堡教授（Prof. Heisenberg）指出说，近代量子论的观念包括他所谓“非定论的原则”（principleof indeterminacy）。我们老以为，自然的运动是极度准确的表率。人造的机器我们知道不精密完备，但总鼓着气相信，以为原子最蕴奥的动作当表现绝对的准确。但是海森堡现在却说，自然界的痛恶准确，在一切事物之上。

旧的科学说，我们若知道一粒物质——例如一粒电子——在空间的位置，和同时在空间的速度，就能完全确定它的情形。有这些资料，再加上关于他种外来物力的知识，就能决定这电子整个的前途。假如宇宙间一切物质细粒上述资料都能获得，宇宙整个的前途也就可以预算出来。

海森堡说，新的科学从事物的本性上推测，断定这些资料是没法获得的。我们若知道一个电子在空间的位置，就没法确定它行动的速度。自然界要容留一种最低限度的差错，假如我们连这最低的限度都要去掉，自然界就不会帮忙。她自己明明就不知道，什么是绝对的尺度。同样，我们如果知道一个电子准确的速度，自然界就不让我们发现电子在空间的准确位置。电子的位置和速度好像刻在一张幻灯底片的两面。我们把底片放在坏幻灯内，把焦点校准于两面之间，这样映出来，电子的位置和速度都够清楚。用一张完备的幻灯就做不成。我们越要校准一面，另一面就越模糊。

这不完备的幻灯就是旧科学。它给我们一种幻觉，好像一有了完备的幻灯，我们就能决定一粒物质同一时间的位置和行动，丝毫不爽。这同一的幻觉把“固定论”（determinism）带到科学中来，但是现在我们有了新科学这更完备的幻灯，而这新幻灯却告诉我们，位置和动作是在“真相的两面”，无法同时校准，这一来，旧固定论所根据的地盘就推翻掉了。

再用个比方。看这些情形，好让宇宙的骨节稍微松弛下来。它的机械运动，好像一座用旧了的机器一样，生出了一部分“游戏”的动作。但这个比方很易引人误会，以为宇宙会弄旧了或不完全。一部旧机器的“游戏动作”，或接笋（接榫）松弛的程度，时时不同。自然界的游戏动作或松弛的程度却能用一种神秘的数量——普朗克的常数h——量出，这个常数被证明在全宇宙都绝对一律。它在实验室和星球中的数量可以用种种方法测算，总能证明其正确一样。但是，宇宙到处都有松弛动作，我们姑且不问是怎样一种松弛，绝对严格的因果律纵然不能存在，因为后者是一种配合完善机器的特征。

海森堡唤我们注意的那种“不定”的现象，虽不全然，也多少含有主观性质。我们不能确定一个电子的位置和行动，一部分是起于我们工作仪器的笨拙。一个人没有比一镑再小的秤锤，当然没法把自己的体重称得绝对准确。同样，科学所知道最小的单位是一个电子，物理学家没有比这更小的单位能由他用。事实上，主要的困难比较还不是因为这单位只有那么点儿大，而是因为普朗克在他量子论中提出的神秘单位h。这个单位恰恰量出自然界运动的一种踪跃。只要这种踪跃永远有一定长短，准确的测量，就如我们用一架只会跳动的秤量自己的体重，一样不可能。

虽然，这种主观的没有把握，和上面讨论的放射活动与放射性绝无关系。自然界还有许多现象，在这里提一提都来不及。要把这些现象包括在一个一贯的计划内，非要先把“非定论”的观念大略介绍一下不可。

这里和此外以后要说的（页四九、一四八），使许多物理学家设想，以为在单包括单独原子和电子的事件中，没有所谓固定论的存在。在大规模事件中，那种表面的固定性只是统计性质。狄拉克（Dirac）形容这种情形道：

> 我们在一定情形之下，对任何原子系统做一种观察，其结果不总是固定的。这就是说，如果这试验在划一的情形之下重复几次，就能得到几种不同的结果。如果我们把试验重复许多次，就会看见每种特殊结果在总次数上总会占有一定的次数，所以试验无论做了多少次，我们总能说，得到某种特殊结果的大概数目。理论上，我们能量出的就是这大概数目。在特种情形之下，这数目等于一时，试验的结果就很固定了。

换句话说，我们若是研究大群的原子或是电子时，数学上的平均律就会给我们的结果，以物理定律所不能付予的那种固定性。

这种观念可以在大规模世界中拿同样情形作比。我们旋转一个铜元，没有人能保证，转出来的是正面或是背面。但我们若抛起百万吨铜元，五十万吨的铜元当是正面，五十万吨是背面。这可以反复做许多次，总归是一样的结果。我们也许要妄认为这是自然界一致性的证据，因而推想这是由于事物中蕴伏有一种因果律。事实上，这只是纯粹数学上“机会”律的一个例子。

然而，百万吨铜元的数目，连旧时物理学家所能试验的一小块物质，其中包含的原子数目都远够不上。所以我们应当很容易看出，固定性的幻觉——如果真是幻觉——怎样潜入科学的门限。

关于这些问题，我们至今还没有正确的知识。一部分物理学家，虽则他们人数已逐渐减少，但他们还指望着严格的因果律总有办法能恢复往日在自然界的地位，但近来科学进步的趋势，对这种思想却丝毫不加鼓励。无论如何，严格因果律的观念，在新兴物理学所贡献的一幅宇宙图画中，没有它的份。这幅新图画比旧日的机械画包括的广得多，它能容纳生命和意识的存在，连带地如自由意志，以及我们的存在能稍为改变这宇宙等等观念，也能相当程度地在画中被容纳。因为我们安见得，那些向我们的脑质原子假充命运之神的，不就是我们自己的心灵吗？安见得不是我们的心灵，偶然借这些原子以影响我们身体，进而至周围世界的情形？今日的科学已无从向这种可能性施以闭门羹，科学已没有什么没法反驳的理由，能反对我们内心对自由意志的信念。在另一方面，科学也没法说，缺乏因果性和固定性会弄成什么样子。假如我们和全自然界对外来的影响都不一致地反应，那么事情的顺序又是什么决定的呢？假如有，那我们又要打回到固定性和因果律上去；假如没有，事情又是怎样发生的呢？

据我看，除非我们对时间的真性质有进一步的了解，这些问题都不会得到什么可靠的结论。宇宙的原则，就我们目前的知识，并没有指定时间非一直向前进不可，宇宙的原则一样可以容许时间停止不动，或倒退的可能性。时间一直前进是因果关系的要素，是我们从自身经验横加于现存的自然律之上的一种状态。我们简直就不知道，这是否就是时间的本身性质。不久我们就会看见，相对论大斥时间的前进和因果关系为幻觉，只认时间为三元空间之外应补充的第四元，所以，“先为因，后为果”这句话用在时间中的一串事件上，和用在大路上一串电灯竿上，一样讲不通。

使我们语塞的总归是这“时间之谜”。假如我们根本上无从设法了解时间的本质，我们要对固定性与自由意志间这种长期争论下一断语，大概看来也无从达到了。

物理学擅长于废除固定论和因果律，比较是量子论历史最近的发展。量子论主要目的是解释某种放射现象，但是要了解现行讨论的问题，我们必须回溯到牛顿和十七世纪去。

一道光最明显的事实，至少表面看来，是那种走直线的倾向。太阳光射入灰尘屋子内那种直边，人们都司空见惯。一粒走动极快的物质也趋向走一条直线，所以从前的科学家差不多自然而然地，以为光是从亮处射出来的一道细粒，犹如枪炮里射出来的子弹一样。牛顿采取这个观点，在他的“光粒说”（corpuscular theory of light）里再加以详细说明。

但是我们只须用普通的观察，就知道光线并不总是走直线。光射在一面镜子上，能突然反射；光射入水中或别种液体时，它的路径能屈折，看起来就像船桨在齐水处折断了一样，河水看来比脚探进去浅，都是折光作用。在牛顿的时候，支配这些现象的定理人们都早就知道了。光线反射时，射向镜面的角度和反射出来的角度恰恰一样。换句话说，光线从镜面跳起来，就像网球在一个平坦的硬球场上跳起来一样。光线折射时，入射角的正弦和折射角的正弦有一定的比例。牛顿很费苦心说明他的光粒，如果在镜面或水面遇到一种物力时，也一样遵守上述定律。下面是他的自然原理（“Principia Philosophiac Naturalis

Mathematica”之简称）九十四、九十六两条定理。

定理九十四

如果有两种相同的物质为一个空间用两个平行面隔离，有一个物体在经过这空间时，受到这些物质的垂直吸引或推拒，并且不受他种物力的阻挠，同时在两平行同距离处，向任一平面方面的吸引都是一样的。这样，这物体向任一平面的入射角正弦，和另一平面的出射角正弦当成一定的比例。

定理九十六

在同一情形之下，而且物体入射前的速度是超过入射后的速度时，入射角如逐渐倾斜，物体终必反射出去，而这反射角将与入射角相等。

牛顿的光粒对有些事实就技穷了，因为光射在水面上，只有一部分屈折掉，其余的是反射出去。我们在湖面所看见的倒影，或海面点点的月光，都基于这种平常的反射作用。有人反对牛顿的学说，以为无法解说这种反射，因为假如光只是细粒所成，水面应当把所有细粒一律看待。一个光粒能屈折，所有的光粒都应当能屈折，这样水就无从反映日月星辰。牛顿想避免这种责难，于是说水面于透入和反射有种“交替的适应”，头一霎那，射在水面的光粒进了去，第二霎那门就关了，于是后面的光粒只好打回成为反光。这种观念很令人惊异地预测了近代量子论，否认自然一律性和以大概性代替固定性的学理，但在当时没法得到人们的相信。

但是光粒说还遇到别种更严重的困难。细细研究一下，光并不如物体行动一样走直路，房屋和山，这样大的东西投出一片影子，当然能好好保护我们不受到烈日暴晒，就同保护我们不受到一阵弹雨一样。但是一根铁丝，或头发，或丝线等小东西并没有影子看见，人在幕前，幕上依然无处无光。有些时候，光要弯转细丝，于是我们不是看见一个固定的影子。而是看见一些明暗相间的平行条纹，这叫作光的“交错带”（interference bands）。再举个例子，幕上有一个圆洞就透进一块圆的光，如果把洞缩小到和最小的针眼一样小，透过来的却不是一小块圆的光，而是一圈一圈深浅相间的图形，比一块圆的光要大得多，这叫作“散光圈”（diffraction rings）。如卷首附图二中（A）所示的图样，就是把光线通过针眼，射在一张照相干片上得来的。一切比针眼半径大的光总有法子弯转针眼的边际。

牛顿认为这些现象是他的光粒受固体吸引的证据。他写道：

我们空气中的光线，走近物体的边角时，无论这些边角是透明或不透明（如铜元、小刀、碎石、碎玻璃等的方圆的边缘），都会从这些东西弯过去或扳过去，就像受到吸引一样；最靠近这些东西的光线扳得最利害，像是受到的引力最大一样。

这里牛顿又很奇怪地预测了今日的科学，他设想的力和近代波力学（wavemechanics）中的“量子力”（quantum forces）切似。但是牛顿没有对散光现像加以详细的解释，所以在当时没人理会。

后来有人设想先为一种波动，仿佛风在海面吹起的波浪一样，所不同的只是海浪有好几码长，而几千光波合并起来却只有一英寸。这一来上面所述和其他相仿的现象都适当地解释了。光波弯转障碍物，和海浪翻过一块礁石一式一样。几英里长的礁石差不多完全遮挡了海中风浪，小礁石却没有这般遮挡能力，海浪能从两边抄过，再连接起来，就像光波抄过一根细丝再连接起来一样。同样，海浪打进港口时并不一直走过港面，而是依着港堤的边扳转过去，使全港水面都不平静。附图二（A）所示，也是光波像海浪扳过港堤一样，扳转针眼的边缘所引起的一种不平静。十七世纪认为光是一阵细粒，十八世纪发现这种说法不足说明适才提到的细微现象，就拿光波代替了光粒。

但光波说本身也带来些困难。日光透过棱形，就分解为虹一般的光带，含有红、橙黄、黄、青、蓝、靛蓝、紫各色。如果光是海浪般的波动，我们能证明，一切由日光分析出的光都应集聚在光带紫色的极端。不但如此，极紫光波吸收能力的容量极大，极紫光的来源不绝，宇宙中一切的能力都将极快地变为空中的紫光或紫外光了。

为弥补光波说这些缺点，就产生了量子论，结果是完全成功。牛顿的光粒并不完全错误，因为现在已经证明，光线可视为一串不连续的单位，唤做“光量”（light quanta）或是“光子”（photons），差不多像雨可分为一滴滴水，枪子弹射击可分为一块块铅和气体分为单独的分子一样有把握。

同时，光并不失去其波动的特点。每一小束光都联带有一定的数量，其性质和长短切似，我们叫这为光的“波长”（wave length）。因为光通过棱形时，其行动切似这样波长的波浪应有的行动。“波长”长的光是小束光组成，“波长”短的光是大束光组成，每一束光里面的能力和波长成反比例。我们可从光的波长计算一个光子所含的能力，也可反过来从光子的能力算出光的波长。

我们设法概括这种观念所根据的大宗证据。这些证据都绝对无例外地指出，穿过实验仪器的光都是整个的光子。一切已有的观察还没有找到比光子更小的东西，或找到些理由，猜想有这样更小的东西存在。举两个例子就可概括一切。

放射作用在适宜情形之下能分裂射着的原子。我们研究这些破裂的原子，就发现分裂每个单独原子用到的能力的数量。这数量一致证明和一粒光子包含的能力恰恰相等。光子的能力我们是从光的波长计算出来的。这情形就像一队光和一队物质起了冲突一样。我们老早知道，一队物质的单独兵士是各个原子，现在看来，一队光的单独兵士也是各个光子。我们研究他们的战场就知道，实际战况是兵士和兵士间的肉搏。

再举第二个例子。芝加哥康普顿教授（Prof. Compton）最近曾研究X光射在电子上的作用。他发现X光的散开完全像一群物质细粒或光子，用孤独的单位飞动着。这一回却不像兵士而是像战场上的流弹，打在每个拦着路的电子上。每个单独原子撞击后从原来方向折出去的角度，使我们能有测算光子的能力，这一次的结果，和从光的波长计算来的，依然一般无二。

光子不能再剖的观念又引我们回到非定论上去，光有许多方法使它分裂为两部分，各走不同的方向，一道光线若只有一粒光子时，不走这条路就非得走那一条路，决不能分走两条路，因为光子是不能再剖的。然而光子的选择路径并不是件固定的事，我们只能说它大概要走哪一个方向。

这样看来，十七世纪认为光为细粒，十九世纪认为光为波动，可说是都错，也可说是都对。光及一切放射，可以说同时是细粒而又是波动，在康普顿教授的实验里，X光射在电子上，行为就像一阵不连续的细粒；在劳厄（Laue）、布拉格（Bregg）诸人的实验里，同样的光射在结晶体上的行动，怎样看去又都像一串波动。这种现象通过自然界都是一样，同一放射同时能充细粒，又能充波动。行动一会儿像细粒，一会儿又像波动，我们现在还没有一个普遍的原则，能说放射作用在什么时候要挑选什么行为。

显然地，我们如果要保存自然一致性的信仰，只好试说细粒和波动实是一件东西。这一来就引出我们后半部更加生动的故事。我们后半部的故事是，放射能忽而像细粒，忽而像波动；后半部的故事是，电子和电核，那些一切物质组成的根本单位，也有时像细粒，有时像波动。我们在放射作用上看见的双重性，现在同样也在电子和电核的性质中发现。

牛顿的光粒说由光波说代替以后，所急须证明的是，怎么样一串波动能充任一阵细粒走直线的行动，除非因反射或屈折作用而改变方向。因为如从百叶窗裂缝射入的日光是一种波浪，我们当要指望日光能散布全屋，就如水圈散布全水面，或如附图二（A）所示，光线穿过针眼后散开一样。然而杨氏（Young）和菲涅耳（Fresnel）证明，一串连续而无阻碍的波浪，有足够的宽度，就会像光线一直走，并且像一群自由行动的物粒一样，不大会向两边散开。这些波浪也能像弹子从平硬的地面跳回来一样，从镜面反射出去。他们还会证明，一串波动也可依照光的屈折律屈折。末了还有，如果这一串波动经过一种物体时，物体的屈折性继续更变，这些波动的路径也就和物粒继续受物力影响，由一直线所更改的路径一样。使每一点的力和物体屈折指数的平方差成一定比例，这两条路可以说一般无二。这样就证明了牛顿的九十四、九十六两条定理的成功。

所以牛顿的光粒能做得到的，一串波动也做得到。但是因为一串波动更为复杂，所能做的事更多。光的行动微粒不能胜任时，一串波动却能完全胜任。牛顿假设的光粒就此改换为一串波动。

近几年来，我们看见组成普通物质的微粒、电子和电核，也被人用同一方法，解说为一种波动。在许多情形之下，电子和电核的行动都太复杂，无法说成仅是微粒的行动，于是路易·德·布罗意（Louis de

Broglie）和薛定谔（Schoödinger）等就把电子、电核也解说为一串波动的动作。这样一来，就创造出算学物理学中一个支流，所谓波力学便是。

我们看见一个普通网球在最好的硬球场上跳起来，会觉得网球的行动像光线从镜面反射出来一样，我们可以说网球从球场上“反射”出来。但是这样说法并没多大好处，这样说固然能容我们把网球当作一组波动，但是我们决不会这样说。我们能看见，或者至少相信自己能看见，一个网球并不是一组波动。

把网球换作电子，情形就不同了。如果一个电子从物面跳起来的动作像一组波动，我们就没法反对电子成为一组波动的可能性。没有人现在能说，“这我不理会，我看得见电子并不是一组波动”，因为没有人的眼睛看见过电子。电子看起来像什么，它连影子都没有。我们设想电子为波动，就如设想牛顿的光粒为一组波动一样随便。但是，要查看电子是否真是一组波动，我们必须看，在有些情形之下，一群物粒和一组波动的行动决不会有一样的现象。

在有些情形之下，电子若还当作一粒物体看，就决不会发生我们所指望的行动。这些现象正是我们所需要的，因为每次我们发现，电子的行动确如一组波动。有一种是一群电子从金属片上跳起来的现象，这里的电子并不像一阵冰雹或网球一般跳起来，而是像一组波动一样，在金属片上产生一种分散的图样（附图二C），把电子射过一个细眼时，也产生同样现象。这些电子向旁边分散开来，产生的图样很像光波所产生的图样（附图二A、B），这当然不能证明电子就是波动，但问题是，一组波动是不是比一粒物体更能形容电子呢？事实上，用一组波动形容电子，果然能不爽地预言电子的行动，把电子当为物粒的观念，许多次却都失败了。

新的波力学证明一粒动着的电子或电核，应当和一组一定波长的波动行为一样，这只靠电子或电核的质量和速度，不靠别的。并且，在普通实验情形之下，波力学替电子和电核定出的波长，都能很便当地用普通实验仪器量出来。

美国的戴维森（Davison）和革末（Germer）、亚伯丁的汤姆森教授（Prof. G. P. Thomson）、德国的鲁普（Rupp）、日本的开古齐（由Kikuchi转译）等许多人都做过相仿的实验，这些实验可说为电子的反射与屈折作用。这些实验是把电子像平行光线一样或是射在、或是射向、或是射过一个金属片。每种试验在安放适宜的照相干片所记录下的，都不像把电子看作一阵小流弹或其他硬粒所能观察到的结果，每次都得到一种分散图样，是一组明暗相间的同心圈。这种图样就如一串有一定波长的波动，落在金属片上所产生的一样。在这里量出电子的波长证明和上述波力学的公式所预言的一些不差。最近芝加哥登普斯特教授（Prof. Dempster）用电核试验，也得到同样的成功。

这些和此外的那些试验都证明，把波动、波长和电子、电核连在一起讲，并不完全像神话。这些试验中一定含有一种波动起伏的状态。把动着的电子、电核形容为一种波动，以解释电子、电核的行为，无论电子电核是在原子中或在原子外面，都比旧式荷电微粒的图画强得多。

下面我们还要更充分地讨论这些波动的性质（页一四八），我们目前的宗旨，只要能证明物质的原素（电子和电核）和放射，两者同表现一种双重性，就已经够了。科学始终只研究大规模现象时，把自然界设想为细微的物粒所成，已够明了。但是科学和自然界一发生密切接触，进而研究细微的现象，物质和放射都同时化为一种波动。

我们要了解物质宇宙的根本性质，非致意于这些细微的现象不可。这里藏着的是事物的真性，而我们在这里找到的就是波动。

这样一来，我们就开始怀疑起来，以为我们是住在一所只有波动的宇宙内，以后我们还要讨论这些波动的性质。目前，我们已很能看出，近代科学和往日认为宇宙为一群坚硬的物质，认为波动和放射只是偶然发生的事那一类科学思想，已离开很远。在下一章，我们还要走到更远的地方去。

第三章

物质与放射

旧时候科学毫不迟疑地承认因果律为自然界的规律，于是用同一形式发明许多定律，其形式是：一个指定的原因甲会引出一个已知的结果乙。例如，冰加热而溶为水，或者详细点儿讲，热减少宇宙间冰的数量，而增加水的数量。

原始的人大约很容易见到这条定律。他只要旁观太阳射在浓霜上，或长夏对于山上冰流的影响，就会悟出，冬季他会看见寒冷又把水还变为冰。后来也许发现一块重新凝结的冰，和未化为水前的冰，数量相等。他当会因此推想，在冰化水，水结冰的变换中，一定有种比水或冰更普遍的东西，其数量始终不变。

近代物理学中常看见这类形式的定律，叫作“不变律”。适才所述原始人的发现，不过是物质不变律的一种特殊情形。一个“X不变律”，不管X代表什么，总是指宇宙中X的总数量永远不变，X无论怎样没法变为“非X”。这样的定律当然是一种假设。实际上是指：我们始终还没有做到能改变X的全数量的事。如果我们多次试行改变X的数量，而每次都失败，当然可以很合理地提出一个X不变律。至少可以把这定律当作暂用的假设。

在上世纪末，物理学承认有三种主要的不变律：

一、物质不变律。

二、质量不变律。

三、能力不变律。

其余较次的定律，如直线动量、角度动量等不变律都可无须管，因为这些都是从上述三条主要定律推算出来的。

这三条主要的定律中以物质不变律的资格最老。德谟克利特（Democritus）和卢克莱修（Lucretius）的原子哲学中已经提到过[1]。他们设想一

1.希腊哲学家德谟克利特与苏格拉底是同一时代的人，生平事迹不详。他的原子论同时也是代表他的先生留基伯（Leukippos）的意见。德氏的原子虽不能剖，却有形状和大小的不同。德氏和前人的不同处就是他注重用上述原子数量的不同来解释物质构造。罗马诗人兼哲学家卢克莱修（98–55 B.C.）也把希腊原子哲学采入他的专著“De Rerum Natura”。（译注）

切物质都由一些不生不变不减的原子构成，并且断定宇宙中的物质永远如恒，宇宙中任何处在的任何一块物质，只可因那些原子来去而有变换。宇宙舞台上的演员永远是同一的人——原子。扮演和配搭虽有不同，但总可以辨认得出。这些演员因此就被说成与天地同寿。

第二条的质量不变律比较是近代的产物。牛顿设想每个物体或一块物质有一种数量——叫作质量（mass），从这可以量出物体的“惰性”（inercia），或物体更变行动时的阻力。一部汽车需要双倍的马力才能和另一部汽车走的同样快，前者的质量就有后者的双倍。据引力定理的断定，地球对两件物体的引力完全和两者的质量成正比例。如能证明地球对两件物体的吸引一样，那两者的质量也是一样。所以要量物体的质量，最简单的方法就是拿来称一下。

后来，化学证明卢克莱修的“原子”并不配这样名称（原子的希腊文原义是“不能剖”），它们并不是不能剖，所以只能叫作“分子”，“原子”的名称就送给从分子分解出来的更小单位。分子有很多方法分开来，再把分出的原子重新配合。有时单单和别种原子接触就能办到。例如铁生锈，或酸素泼在金属上等现象。分子还可以用燃烧、爆炸、加热或感光等方法使其分裂。例如，一瓶二氧化氢放在日光中，日光透过瓶中液体，二氧化氢的分子（H_2O_2）就分裂为水的分子（H_2O）和氧原子（O）。我们把瓶塞拔开，听见噗的一声，那就是氧气逃走，再检看瓶中的二氧化氢，有些已变成水了。溴化银（silver bromide）被光射着，分子也可重新排过，这种变化就立下摄影的基础。

十八世纪末叶，拉瓦锡（Lavoisier）自信地发现：物质全重量能经过他所施的一切化学作用而不变。接着质量不变律也被认为科学不可缺少的部分。现在我们知道这并不尽然如此，我们把逃出的氧气放到原来二氧化氢的瓶里去，称起来比原来的重量要稍微重一点，一张照相干片放在日光里也渐渐会加重。不久我们就会看见，这种不准确的原故是由于忽略了二氧化氢或溴化银所吸得光的重量。

第三条能力不变律的年纪最轻。能力可以有各种形态，其中最简单的是一种动力，如火车在轨道上，或弹子在球台上的行动。牛顿已证明了这种纯粹机械力是“不变”。例如，两个弹子相撞，每一个弹子的能力都改变了，但两个弹子加起来的能力还是没有变；弹子相撞后，一个弹子增加能力，一个弹子减少能力，但在交换时并没有能力消失或添出。不过这种说法只能适用于一种理想情形之下，两个完全有弹性的球。在这种情形下面，两个球弹回的速度和弹出的速度一样快。在自然界所发生的那些实际情形之下，机械能力好像总要消失掉。枪弹经过空气中就会失去速度，火车的引擎关掉就会慢慢停止，在这些时候，都有热和声发生。经多次的考察结果，热与声的本身证明也是一种能力。在1840年到1850年的十年里，焦耳（Joule）创出一串典型的试验，量得热的能力，并且试用琴弦那样不完全的仪器，以测算声音的能力。他的试验虽欠完备，结果却证实能力不变律包括一切能力的变态，如动力、热、声、电等等。这些试验证明，能力并不消失而只是改换状态。动力表面上消失掉，同时却补生出同量的热和声。火车走动的力，是被轮杠的咶噪，轮、轨、轮杠的加热等同量能力代替了。

在十九世纪的后半纪，这三条不变律始终没有人挑剔过。人们都以为质量不变律就是物质不变律，因为他们以为物体的质量和各个原子质量的总和一样。这样解释化学上作用不能改变物体质量，现在看来当然太便当了。但是新发现的能力不变律和前两条都判然不同。宇宙舞台上的演员看去仍是些原子，每个的面目和质量都始终不变。此外还有一种整体叫作能力，在这些演员间周转着。这些能力也和演员们一样不生不灭。

这三条不变律当然只能当作暂行的假设，我们应当用种种可能的方法试验他们的真实，一碰到和事实不符，就应当立刻丢掉。但因为他们的基础太稳固了，人们都当它是颠扑不破的普遍定律。十九世纪的科学家惯把这些律说成统治全宇宙的定律，哲学家也根据这些来武断宇宙的本性。

但这不过是暴风雨前的平静。暴风雨的第一声霹雳是汤姆森（Sir J. J. Thomson）研究的理论，他指出荷电物体的质量能因行动速度而有更变，走动越快质量越增加。这正和牛顿所说的一定不变质量相反。质量不变律暂时好像已弃科学于不顾了。

这种结论因为没法用实验方法考察，一向只成为学者间一个有趣的问题。普通的物体既不能增加多量的电，又不能使其走的很快，理论上所述的质量更变所以为数极微。后来在十九世纪快结束时，汤姆森和他的同事开始能分裂从来认为不可分的原子，原子同以前分子一样也名不副实了。可是汤姆森等只能从原子上弄出一碎块来，始终还没有做到完全破碎一个原子的事。这弄出的碎块都一致荷有阴电，所以就叫“阴电子”或“电子”。

这些电子荷的电比任何物体能荷的电大得多。一格兰姆金子打成一码见方最薄的金叶，碰巧可以装到六万静电单位的电，但是一格兰姆电子的经常电荷差不多有上述的九兆兆倍。还有，电子的速度可以用电力增加到一秒十万英里。这一来，我们就很容易确定，电子的质量是否依速度而更变。就精密实验的结果来看，电子的质量确有如理论预测上的更变。

现在已经证明，原子全由阴电的电子和阳电的电核构成。所以物质只是一群荷电的物粒。这大半是卢瑟福研究之功。万花镜一摇，一切研究物质性质构造的科学都隶属于电学之下。在这事以前，法拉第（Faraday）和麦克斯韦曾经证明一切放射都属于电性，所以现在全部物理学都和电学合并在一起。

物体既都是一群荷电细粒，依照汤姆森的理论，运动物体的质量就非随着运动速度更变不可。运动物体的质量可以分做两部分，一部分是固定的静止质量，这在物体停止不动时依然存在；另一部分是变动的质量，视运动速度而有不同。据理论和观察证明，变动的质量和物体的动力有一定的比例，两个电子，或任何两个相同的物体，两者质量上的差别和两者动力上的差别恰恰一样。

1905年爱因斯坦把这一点发挥得极宽。他指出：不单是动力，而是任何能力都非有它自己的质量不可。这话倘若不确，他的相对论就不能成立。所以每种考查相对论真伪的实地观察都用来证明能力含有质量的假设。从这些考察的结果，爱因斯坦证明任何能力的质量只视能力的数量而定，这两者间有一定的比例。这种质量为数极微。毛里塔尼亚号（船名）满载货品时约有五万吨重，假如一小时走廿五海里，它因运动而增加的重量只及一盎司的一兆分之一。一个苦工一生所花的气力，合计起来，只及一盎司六万分之一。

这些发现使我们得以恢复质量不变的原理。质量是静止质量和能力质量的总和，每一质量都单独不变（前者由物质不变而不变，后者由能力不变而不变），所以全质量也是不变的。十九世纪物理学认为质量不变只是从物质不变律引伸出来的，二十世纪物理学又发现能力不变律也牵在一起。我们现在知道质量之所以不变，是由于物质和能力各各不变的原故。

只有原子还是一直被人认为是不生不灭，是麦克斯韦说的“宇宙的不朽础石”，原子大可认为是宇宙的根本原素。宇宙，简单说来，是一宇宙的原子，而放射还是次要的。原子有时偶然被弄得振动起来，于是暂时发生放射，就像钟被敲即发声，后来又回复平时的静寂状态，没有人认为声音为钟的本态，所以也没有人认为放射是物质的本态。这里碰巧点出，为什么我们没法懂得，太阳能在亿万年的长时期中不断地放射，因为我们认为光是因原子纷扰而产生，但没法想象这纷扰为什么永远不停。

我们一经承认原子是荷电的物粒所成，情形就大不相同。无论我们怎样论述远避一个电子，总不能跳出它那种吸引或推拒的范围。这就是说，至少在某种意义上，一个电子一定是占有全空间的。法拉第和麦克斯韦把这事说得更简明。他们把荷电物粒想象为一种八足鱼一类的构造，一个小小的身体伸出许多感官或触角，叫作“导力线”（line offorce），这些线布满各处空间。两个荷电物体相吸或相拒是因为他们的触角扯在一块儿，互相拉着或是推着。这些触角都被想作和放射一样，是电力或磁力所成。所以原子发散放射时，不过是把这些触角抛出来，很像传说的箭猪放箭一样。这种观念使物质与放射的关系比以前接近很多。

一切放射都是能力的变相，依照爱因斯坦的理论，必连带有它们的质量。原子发散放射时，它的质量必因失去放射的质量而减轻，就像箭猪如果真会放出箭来，它的身体必定失掉放出去箭的重量。所以，一块煤烧掉以后，把烧剩的灰和散失的烟放在一起，并不够恢复煤的重量。在这些上面，我们必须再加上燃烧时散失的光和热的重量。这样方能和原来一块煤的重量相符。[1]

早在1873年麦克斯韦已经证明，放射落在物面会使物面感到一种压力。我们现在看来，这不过是放射含有质量，一种理所当然的结果。一道光线有一秒钟十八万六千英里——光速——的质量。列别杰夫（Lebedew）、尼科尔斯（Nichols）、赫尔（Hull）先后都量过这种压力，发现和麦克斯韦计算的数目相合，一个射靶放在强光放射之下，可以看出像弹子射上去一样，微微地颤动。但是我们在地球上常见的光的撞击都轻微之至，要看见这种现象充分表现，必须离开地球，离开试验室中的物理学，而转向天空，在纵横于星球的巨大熔金锅间的大物理学里面去找寻。

1.煤灰是氧化物。煤燃烧时，除掉发散出去的烟、光、热外，还有人目不能见的气体二氧化碳。把这些加在一起，还要除去氧的重量，方能和原来的重量相符。但是，燃烧是碳和氧所起的化学作用，燃烧时的光和热，并不一定属于煤，而是两者共同的产品。所以要除去氧的重量，也要除去氧的潜伏能力所发的光热。在另一方面，氧未燃烧前的重量实已包含有光热的质量，要除去氧的重量，同时也就去掉氧发散的光热。作者在这里用一个很累赘的形式，把煤单独提出来讲，并且把两者共同的产品武断地判归煤所独有。横竖作者的主旨在说明放射的质量，读者弄明这一点便可。（译注）

普通一个六英寸对经的炮弹热到五十兆度，就和我们想象中太阳的中心或一个普通星的热度差不多。那时，这炮弹发出来的放射，单单那水龙般喷出的撞击，就够打杀走进五十英里以内的人。在星球的内层，这种放射的压力极大，差不多占有星球重量可观的一部分。

据计算结果，每一分钟有重约一盎司万分之一的日光，落在太阳下一英里见方的地面，落下来是光的速度，停止时在地面所加的压力约有0.000，000，000，04的气压。这个数目看来小得荒谬，一世纪落下日光的重量还不及大雨中十五分之一秒所降的雨水重量。但是这数目之所以小，只是因为一方里在天文学的空间当中只是很小的面积。太阳放射的重量是一分钟二百五十兆吨，差不多有流过伦敦桥下的水的平均数的一万倍。假如我们所说的一万的数目偶尔不准，那并不是因为我们不能确晓太阳放射的重量，而是因为我们不十分确切知道泰晤士河平均的水流。天文物理学是一个比地面的水流学准确得多的科学。

别的星球也有一部分放射落在太阳上面，不过这和太阳发出放射的重量一比，简直算不上什么。所以太阳要保持自己的体重，必须有近于一分钟二百五十兆吨的物质连绵不绝地射入太阳才成。

太阳在空中行走时，一定一直在吸收许多无主的物体，如单独的原子和分子、灰尘粒和大小的流星。后面一种是小的固体，在太阳系中有许多许多，都像行星一样依照自己的轨道绕着太阳。有时它们飞进地球的气层，坠落时受空气阻力和磨擦而生热，就成为我们看见的放光的流星。这些流星普遍没有落到地面便烧成气体，偶然有一个能逃过空气阻力的摧残，像一块石头落在地面，这就是陨石。陨石有些很大，1908年在西伯利亚落下的一块，在空气中所起的震撼毁了一大片森林，那落在地面时所引起的地震在几千里外都有记录。亚利桑那（Arizena）地区有个三英里左右，像火山口一般低陷的地面，有人也以为是由于史前一块更大的陨星坠落所致。不过这种巨大的陨石极少看见，普通的陨石都是薜芥之物，只同一颗樱桃或一粒豆一样大。

沙普利（Shapley）计算每天总有几千兆流星飞进地球的空气层，每个都化为灰尘或气体，地球的重量因此而有增加。太阳每亿兆分之一秒间收入的流星，比地球一天的收入已大得不可以道里计。这些在太阳的垃圾桶中大概占绝大部分。然即照沙普利的计算，坠入太阳的流星数量一秒钟至多不超过二千吨，这还不及太阳每秒钟放射量的二千分之一。所以平均起来，太阳每分钟失去的体重差不多仍是接近二百五十兆吨。所以，太阳是一个消费的建筑，就像海中的冰山逐渐溶解一样，在我们眼前逐渐消灭着。别的星球定然也和太阳一样。

这种结论和天文上大体的事实相符。我们虽无绝对证据，但有大宗证据都指出，新的星球比老的星球重。它们并不止重几兆吨——时常是重过十倍、五十倍以至一百倍。这里最简单的解释是星球在它们的生命过程中失去了它们大部分的重量。大略计算一下，太阳一分钟失去二百五十兆的重量，总要等亿兆年才失去它大部分或一部分可观的重量。别的星球的情形也大体差不多，所以我们对普通的星球总算它们有亿兆年的寿命。

我们还有别的方法能算出群星的寿命。尤其是星球在空中的运动，可以告诉人们是极其古董的东西，这又可以断定它们的寿命是亿兆年。我们已经说过，星和星在空间的距离非常之远，所以两个星球很少走得很近。但是，如果星球的生命都是亿兆年的高寿，每颗星都应当有几次碰到和别的星球走得很近的机会。那时两星间的引力虽不尽能拉出行星来，但当会改变这些星的轨道和速度。如果是双星系，近处的星当可改变双星各自的轨道。

这一切的影响都能详细算出，所以星球如果真如我们所料，活了亿兆年的长寿，我们就能知道会有什么影响。我们所要找的都找到了，所有预言的影响都在。据我们所知，那些数目证明星球的确活了亿兆年。

此外还有一种证据，和上述的一切证据相反，并且指出另外一种不同的结论。这虽然很专门，我们却要详细讨论。这一来，我们就深入相对论的最艰难的一部分。

在下一章我们会看见，相对论告诉我们，空间本身是弯曲的，就像地面是弯曲的一样。空间的曲度就是我们在日蚀时所看见光线弯曲的原故。还有行星和彗星轨道的曲线，我们从前认为是一种吸引的“力”的原故，真实也是由于空间的曲度。相对论说，物质的存在并不产生吸引，而是使空间弯曲。现在且单提一种困难，让我们假设，物质的存在是空间弯曲的唯一原因。那么一个空空洞洞的宇宙，完全没有物质，宇宙的空间当然没有一点弯曲，这一来宇宙当会是无限大。但是宇宙并不是空洞的，所以它空间的大小一定随现存的物质而定。宇宙间的物质越多，空间就越曲，自己越弯得利害，结果就愈加小——就像一个圆周的边，愈朝里弯的快，总比朝里弯得慢的圆周小。

有一个著名的实验可以帮我们把这种观念弄清楚些。把一个用平常方法吹出的肥皂泡放在电机的金属片上，电机一开，肥皂泡就逐渐增加电荷，其体积也跟着加大，直到最后炸裂为止。这里的肥皂泡，除掉最后炸裂不算，就很像我们的宇宙，肥皂泡的大小由电荷数目而定，宇宙的大小由所含的物质而定。但是这里主要有两点不同：第一点是，肥皂泡本身的构造，即使没有电荷，也有一种曲度和一定的大小，然而宇宙完全没有物质时就会变得无限大；第二点是，增加电荷，肥皂泡也跟着增大，但是增加物质，宇宙却逐渐缩小——物质越多，容留物质的空地就越少。

爱因斯坦为了要使宇宙更像一个肥皂泡，就想避免这些困难，尤其是最后一种。他设想宇宙除了因物质而起的曲度外，本身也有一种固有的曲度，并且这种固有曲度的性质是：物质越多，空间就越大。

就算如此，还有一种显著的困难。空中有吸力物质都一致相吸，肥皂泡上面的电荷却一致相拒，因为无论是阴电或阳电，同性都是相拒的。有这个原故，荷电的肥皂泡所以是个极稳固的构造。加一点电，肥皂泡就泰然地变得大一点，成为一种新平衡位置。摇一摇就动一动，后来仍然静止下来。但是就因为排拒和吸引不同，肥皂泡装上相吸的物质就不稳固。算学家当知道这是什么原故。二元空间的液体肥皂泡和一个宇宙虽相差甚远，据比利时一个算学家阿贝·勒梅特（Abbe Lemaitre）最近的考察，这个比方却能成立。他认为爱因斯坦的宇宙一定是很不稳固的构造，这样宇宙决不会长久停止不动，应当立刻开始扩张为无限大，或缩小为一点。所以宇宙的空间，一上年纪，应当是扩张着或是缩小着，空中的万物应当是很快地分散开，或是集拢来。

勒梅特的结论是根据爱因斯坦的宇宙观念得来的，因为爱因斯坦的宇宙在停止时的大小全视所包含的物质而定。在这以前，莱顿（Leiden）的德西特教授（Prof.de Sitter）曾提出一个很不同的宇宙观念。他和爱因斯坦一样设想宇宙从时间和空间本身性质带来一种曲度，物质的存在又加上一种曲度，但是因为宇宙中的物质疏散在各处，这种因物质而生的曲度，和时间、空间本身的曲度简直无法相比。德西特用数理研究，发现他的宇宙空间也有一种涨大或缩小的趋势，他宇宙中的物质也要聚拢来或是分散开去。

起初，德西特的宇宙观念和爱因斯坦早年的宇宙观念好像完全抵触，数学家很愿意等着瞧到底谁是谁非。但是现在经过勒梅特的努力而证明这两种观念，与其说是互相角逐，还不如说是相辅而行。爱因斯坦的宇宙逐渐涨大，宇宙间的物质就越来越疏散，最后就成为德西特形容的空洞宇宙。爱因斯坦和德西特的两个宇宙很可设想为放在链子的两头，但是我们如果当作这两个在拔河，就错了。这两者不过是宇宙各种可能的两种极端。以爱因斯坦的宇宙始，顺链而下，必以德西特的宇宙终。我们的宇宙如果真建筑在这条链子上，目前的问题就不是宇宙是哪一端，而是宇宙到底走了多远。

这索链两头两种理想的宇宙有一点相像处，那就是它们所包含的物质一定不是互相背驰着，便是互相集拢来。这不但在两尽头如此，在全串间也是如此。如果宇宙的结果是如相对论所形容——这差不多已经一定——那么宇宙间的物体不是各个分散开，便是各个集拢来。

这些结论都很有趣味。好些年前有人曾说过，最远的那些旋涡状星云（spiral nebulae）[1]，从各方面看来，都是背地球而驰，所以星云和星云间大约也用极快的速度背驰着，这种速度因离开我们愈远而愈大。最近有人在威尔逊山上（Mount Wilson）从一百英寸对径的望远镜中窥察一块星云，发现它是用一秒钟一万五千英里的速度离开地球的。哈勃博士（Dr. Hubble）和哈马逊博士（Dr. Humason）在威尔逊山特别对这个问题研究过，他们发现每块单独星云离开我们的速度大致与地球的距离成正比例。相对论的宇宙论如果不错，也应当有这种情形。一块星

1.星云是天空一种云雾状发光体，约分三种：（一）行星状星云，这其实和行星系毫无相似处，这些都有固定的盘形，很像一个星球，四围为发光的气层包围着；（二）银河系星云，这些的形态都不一致。是一大片明暗的发光气体，笼罩着无数星球，这两种都在银河系里面；（三）银河系外面还有一种星云，这些多数有一种旋涡式构造，所以又叫“旋涡状星云”，这些星云的形态都很像整个银河系，有些天文学家因而揣想，以为是和我们银河系一样，是各个独立的小宇宙。（译注）

云的光要走一千万年才到达地球，就有一秒钟九百英里的离开速度，别的星云的离开速度也差不多和地球成正比例。例如附图一中，星云的光达到地球约需五十兆年，所以这些星云都用一秒钟二千五百英里的速度离去。

这些实际数目都很重要，因为如果我们把所说的星云行动向后推算，就会发现，一切星云都聚集在太阳附近，不过是几千兆年前的事。这些都隐指我们是住在一个涨大着的宇宙里，并且那种涨大不过是几千兆年前开的头。

假如这是全部事实，我们就很难讲星球有亿兆年的历史，只能说，那些星球有亿兆年都挤在一堆，或聚集在空中一个小处所，不过最近才起头散开。缩小来讲，这些星球有九百九十九年都挤在一处，大约活到第一千年上才分散开。所以这种后退的运动如果证明属实，我们就没法说宇宙的生命比几千兆年再多。

但是有许多地方我们很可以怀疑这种高速度是

否真有。因为这些并不是直接由测量得来，而是应用多普勒原理（Dopplers Principle）推算而得的结果。我们平常会留心到，汽车开去时喇叭的声音比开来时喇叭的声音低。同理，一个离开我们的物体所发的光，比向我们行来的物体所发的光，看来要红一点。光的颜色有浅深，和音调有高低一样。天文家把位置已部定井然的光带中光条颜色精密地量过，就能决定发光的物体是向着我们，还是背着我们走动，并且能从这上面测算出物体的速度。那些人认定远处星云离开我们的唯一理由，就是星云的光比平常看起来的颜色要红一点。

但是除掉速度以外，还有许多别的原因也能使光的颜色变红：单单太阳本身的重量就把日光变红，太阳的气压能把日光变得更红；日光射入地球的气层中，又会由一种不同的作用而变红，例如我们在日出日落看见的红日。有种特别星球的光红得很古怪，我们至今还没有懂得是什么原故。还有，照德西特的宇宙论讲起来，单单距离本身就可使星光变红，所以即使那些远处的星云在空中停止不动，它们的光看来也会比平常红一点，而我们却擅意要推想这些星是在离开我们。但是这些原因都不够解释我们观察到的星云光变红的原故。最近加利福尼亚学会的兹威基博士（Dr. Zwicky）指出此外还有一种原因，那就是光经过附近星球和星云时所受的引力。我们在日蚀时所观察到星光的弯曲也是这种吸引作用所致。前章所述康普顿教授的试验曾证明放射在空中碰到电子时，会弯曲而且变红（页四九）。我们只知道，放射在空中和星球或其他物质的吸力相交时，放射会弯转过去，现在兹威基博士指出，放射并且也能变红。

滕·布鲁根卡特（Ten Bruggencate）要察看这种建议的真确，就选出几种“星群”（globular clusters）[1]发出的光试验，这些星群都和我们一样距离，但是每道光途中经过吸引物质的数量都各有不同。这些光都带点红色。如果这是由于空间扩张的原故，每个星群

1.星群或恒星群在我们银河系中已发现的约有九十。离我们最近一个星群约有二万一千光年的距离（一光年是光一年所行的距离）。每个星群总含有一万以上的恒星。（译注）

的光都应当一样地红。事实上这些光的红度证明很不一致，光的红度很像和途中遇到的物质数量成比例，恰如兹威基博士主张的理论一样，其数目也和兹威基的公式预算的数目很接近。所以我们既不能设想我们自己银河系中的星群在用一定计划离开我们，而要设想旋涡星云离开我们的理由也很单薄了。兹威基的学说为我们观察到的星光变红至少下了一个可能的解释。

此外许多证据也暗示我们所怀疑的星云的远引也许是杜撰。例如，最近处一块星云射来的光并不红一点，却是比平常还要蓝一点。但是光要变蓝，除非物体实际是向我们走近来，所以最近处一块星云只能说是对着我们走。并且，星云表面的速度并不完全和距离成正比例。例如，有块星云和我们的距离约有七兆光年，它的速度是一秒钟六百四十英里，却平均有一秒钟二百四十英里上下的差异。

但是，宇宙构造的形式果真如我们适才所说，那么星云的全体一定还是离开我们，理论上研究的结论如此，没有这一点是不行的，但是理论并没有告诉我们星云行动的速度。兹威基和滕·布鲁根卡特的研究并没有怀疑天体有没有一种后退的运动，他们怀疑的是：这种后退运动是否如天文家从分光带上色条的变红推算出来的那样大。变红的影响很可能是兹威基所说的，或其他相仿的原因，也许只剩有一小部分真正是后退运动的影响。我们没法决定这后退的速度多大，因为后退的影响为数极微，并且和许多别的影响完全混在一起。

现在这还是个公开的问题。不过如果我们承认，星云后退运动的速度可以视为子虚，那么把星体寿命定得极短的理论就不能成立。所以我们仍可任意定星体的寿命为亿兆年，同时，天文上一般的证据也要我们这样做。

前面已经说过，一般的证据都指出，太阳用放射状态倾出自己重量的速率是一分钟二百五十兆吨，这样已有了亿兆年。就精密计算所得，新出世时太阳的重量一定比现在太阳的重量大许多倍。这和普通观察到新星重逾旧星许多倍的事实很吻合。那么太阳和其他星体到底用什么状态预存那些因放射所失去的重量呢?

一个电子或其他荷电物粒的停止质量普通都比它的能力质量大得多,但是后者在高热度之下却极其重要。太阳中心的热度约有50,000,000度,就是这样,太阳的停止质量还差不多占有全部的质量,能力质量只及全部质量二十万分之一。新生时的太阳不见得会比现在的太阳热到哪里去,所以原始太阳大部分的质量一定是存于停止质量中。果然,那么就只有一个结论可言:原始的太阳含有电子和电核的数目一定比现在多,所以原子的数目也一定比现在多。这些原子只有一个方法消灭,就是毁坏掉,太阳亿兆年来长期放射掉的质量一定就是代表这些毁坏掉原子的质量。

这种理论也许有人以为是荒唐无稽的,因为这里用到的观念已超出“试验室物理学”的范围。幸而最近“试验室物理学”也得到些证据,这些证据虽离绝对圆满还远得很，却给远空物质的确是大规模地在毁坏着这件事，以一种可贵的保证。

星群深处是否有物质毁灭着，我们很难获得直接证据，因为由原子毁灭所起的放射走了不多远，就会被星体的物质吸收去。因吸收而生热，所以原来的能力再由星体放射出来时，已是寻常的光和热了。

用算学分析天文事实，可以看出原子的毁坏，也差不多和放射质分解一样，是一种自动作用。然则原子的毁坏当不限于星球酷热的内层，那儿天体物质够多，就应当有这种原子毁坏的事在进行着。

这种毁坏作用最简单的形态当然是单独一个电子和单独一个电核同时毁坏。这里的作用可以拿一幅生动的图画来形容。假如我们设想电子和电核在相互吸引之下愈趋愈近，终而联合在一起，它们的电荷就互相调合，这样合并的能力发为一闪的放射——就是前面说过的一个光子。

我们上面已经说过，原子发散放射时，总质量依然不变。原子牺牲自身质量的一部分，但这一部分质量并没有毁掉，它是由一个光子带了去，即成为光子的重量。如果一个电子和一个电核自相摧残，变出来光子的质量必定和消失掉的电子、电核的质量相等。一个电子和一个电核共同的重量我们可以算得很准，因为这就是一个氢原子的重量。所以如果物质真会毁坏，空中应有大批和氢原子重量相抵的光子飞行，其中一部分当会落到地球上来。

比这更重的光子也许还有，我们可以设想任何原子突然毁坏，而把本身全部的能力都变成一个光子，这个光子的质量当然就是原来整个原子的质量。有种特别有趣的事我们很可注意。我们虽以为一切物质根本都由电子、电核构合，有一种特别坚固的构造是四个电核、两个电子，这种构造差不多可以当作一种新奇的独立单位看。放射物体所发散的放射中往往发现这种单位，普通叫作α粒。氢原子外最简单的氦原子含有一个α粒和两个循轨旋转的电子，一个α粒的电荷和两个电核的电荷相等，所以α粒若同两个电子联合，就要毁坏掉。这样得来的光子当和一个氦原子的质量一样。

上述两种光子比普通放射的光子的质量要大得无以比拟，所以我们很容易分别。光子可以比作和光走得同样快的枪弹。一群弹子如用同样速度射击出来，越重的弹子破坏力当然就越大，于是透射力也越大。一群轻重不等的光子也是一样，光子越重的透射力也越大。有一个算学公式使我们能由光子的质量推算它的透射力，这样一算出来，和氢原子或氦原子一样重的光子应当具有着实可骇的透射力。

我们前面已经讲过那种高透射力的放射，普通叫作宇宙放射。这种宇宙放射从外空落到地球上来，能透过几码厚的铅。我们好久不能明了，这究竟是一种放射，还是一群电子。前面一说比较像一点，因为电子要硬生生穿过几码厚的铅才停，必需有不可思议的高能力，以维持自己的速度。

现在这件事好像已告一段落。一阵电子从外空落到地面上来，当会陷入地球的磁场中，地球的磁场当能影响这些电子的行动。电子的速度如果要快到能产生宇宙放射那样大的透射力时，我们一计算，差不多全数电子的方向都要改变，而落在地球两个磁极任一头的附近。然而宇宙放射并不这样选择自己的方向，我们在地面各处观察的结果，都证明宇宙放射的强度到处都是一样。澳大利亚和新西兰南极探险队在南极附近二百五十英里以内测得的强度，和他人在别处所获得的强度也是一样的。这些使我们有理由断定宇宙放射是真正放射，而不是一群电子。这些既有定夺，我们就可以运用上述的算学公式，从观察得来的透射力以推算光子的重量。

帕萨迪纳（Pasadena）地方的密立根教授（Prof. Millikan）和他的同事，斯图加特（Stuttgart）地方的雷格纳教授（Prof. Regener），和其他多人都很小心地研究过这种放射的透射力。他们都发现宇宙放射是多种透射力轻重不同的原素的混合物。或者说，是一批轻重不同的光子，也是一样。这些高透射力原素中有两种成分很像是由于和氢原子或氦原子重量相等的原子所成，这是一件很重要的事实。换句话说，假如远空的某处有电核和物粒的毁坏，一个电核和一个电子合并，一个α粒和一对对电子合并，以互相调合电荷，这就正是我们所指望的光子。

有一点要在这里声明，光子的质量无法量得绝对准确，所以我们并不能坚决主张，光子的质量，绝对而准确地是原子毁坏掉的质量所成。不过这种符合已是可能观察范围中难能的事，每次量得的结果和预测的只有百分之五的上下，而放射的透射力很难比这量得再准。这样好的符合当然不能斥为一种凑巧，所以说这种放射是发原于电子、电核的相互摧残，是很可能的。

可是，这场官司还不能算已经打完，我适才所取的态度，物理学家并不一致接受。密立根教授尤其主张，宇宙放射也许是起于轻的简单原子改造为重原子的作用，所以他认为宇宙放射是“创造者仍在创造”的证据。我们且举一个简单的例子：一个氦原子恰恰含有和四个氢原子相同的原素——四个电子和四个电核——但是氦原子的质量只及氢原子3.97倍的质量。所以四个氢原子如能用什么方法锤压为一个氦原子，氢原子中0.03倍的质量当会发为一种放射，于是放出一个含有氢原子百分之三质量的光子。我们不敢断言这多余的质量就会这样发散出去，因为四个氢原子合为一个氦原子的作用很可以分做好几段，结果就不致发出一个大光子，而是发出许多小光子。但是即使全部解放出来的能力变为一个大光子，这种光子的透射力还是及不上宇宙放射的透射力。如果有一百廿九个氢原子，由一种极大的变化合成一个氙原子（xenon），因这样作用发出的一个单独光子庶几能和一个氢原子质量相等，这就有了和宇宙放射成分中次强透射力的放射。在另一方面，宇宙放射成分中透射力最强的一种是这种学说最大的难关。假如这里的光子也是由氢原子锤压为一个重原子而生，这个原子的原子量当在五百上下，这好像不大会有。同样，透射力次强的一种放射，要说是由于氢原子合并为氙原子或别种原子，也不大像，因为这些原子都极其稀罕。不管那些透射力差些的宇宙放射是哪里来的，宇宙放射中透射力最强的两种，不归根于物质本身的毁坏，而要说来动听，看来总不大容易。

宇宙放射落在地球上的数量极大。据密立根和卡梅隆（Camenon）计算，约及地球从全星体所得的放射的十分之一，太阳的放射当然没有算在里面。在银河以外的远空，这些高透射力的放射一定还是同地面上一样多，但是在银河外面星光却少得多。所以，把全空间平均计算，这种高透射力的放射也许可以说是宇宙中最普通的放射。

这种高透射力相当地解释为何宇宙放射这样多。宇宙放射，因这种高透射力，差不多与天地同寿。平均一线放射在空中走亿兆年，很少碰到被物质吸收了去。所以我们必须承认空间差不多是浸在亘古以来那许多宇宙的放射里。这些放射不但是来自最远的远空，并且是来自最远的远古的使者。这样的认识如果属实，它们传来的消息好像告诉我们说，在宇宙的历史中，某时某地的物质曾经毁坏过，并且毁了不止一点点，而是一个极可骇的数量。

我们倘若承认天文上关于星球年龄的证据，和物理学关于高透射力放射的佐证，承认这些能联合成立物质实在能毁坏或变为放射之说，那么这种变化就成为宇宙中最根本的作用。物质不变律在科学上就完全消灭，质量不变律和能力不变律就成为同一的东西，或者说，三种主要的不变律都合而为一。一种简单的根本的整体，可以有许多状态，特别是物质和放射两种状态。经过许多变化而仍不变的只有这种整体。它们的总和形成宇宙中的全部活动，然而总量永远没有增减，但是这种整体一直在改变自己的质地，这种质地的改变好像是造成我们物质家园的宇宙中主要的活动。据我看来，一切现存的证据都指出这些变化，除了些无足轻重的例外，都永远指着一个方向——永远是固体的物质溶解为空虚的放射，永远是那可触摸的变为不可触摸的。

这些观念因为对宇宙的根本构造显然有特别关系，所以讨论了这许久。在上一章，我们看见波力学把全宇宙都并入波动系统，电子、电核是波动的一种，放射的波动是又一种。从这一章讨论的结果看来，物质和放射不见得是两种不能交换的波动状态。两种可以互掉，物质变成放射，就像蛹变为蝴蝶。在下面我们还会看见（页一八一、一八二），有些科学家认为也许要加上说："如我们的想象一样，蝴蝶也可还变为蛹。"

这当然不是说物质与放射是一件东西。物质改变为放射还不能轻易办到，虽则这种观念的革命性已较之二十六年前我的倡说和缓到不能比。就算我们能确晓一切不可知的事实，我们要不用专门名词确切形容这种情形，还是很困难的。也许把物质和放射当作两种波动，一种是走圆圈的波动，一种是走直线的波动，还比较近于真理。后者的速度和光一样快，前者的波动是物质状态，走的慢得多。莫沙拉夫（Mosharrafa）等甚至说，这就是物质和放射整个不同处。物质只不过是一种凝结的放射，走得异乎寻常的慢。在上面（页五三、五四）我们已经说过一个运动着物粒的波长和运动速度的关系。这种关系是：物粒如行进的光一样快，它的波长就等于和物粒一样重的光子的波长一样。这种非常事实，和其余许多事实，都隐隐指出，放射归根结底不过是走得和光一样快的物质，而物质是比光走得慢一点的放射。但是现在的科学离这种程度还远得很。

我们现在且把本章和前面一章的主要结论总括地说一下。近代物理学的趋势是把全宇宙解放为波动，除了波动没有别的东西。这些波动分为两种：一种是装罐的波动，叫作物质；一种是没有装罐的波动，叫作放射。物质毁坏的作用只不过把罐头里装着的“波动能力”放出来，使其自由在空中走动。这些观念把全宇宙缩成一世界的潜伏放射和现成放射，所以构成物质的原素表现许多波动性质，是无足惊异的。

第四章

相对论与以太

我们已经看见近代物理学怎样把宇宙归并为波动组织。如果我们很难设想这些波动不在一种实在的东西中走，让我们姑且说它们是一种或多种以太中的波动。我记得去世的萨尔斯堡勋爵（Lord Salisbury）曾用“摆动”或“起伏”（to undulate）这样一个动词作为以太的定义。这种定义如能暂时采用，我们姑且算以太存在，而不深究其性质。这样一来，近代物理学的趋势可简括如下：近代物理学是把全宇宙放进一种或多种以太里面去。所以，宇宙的真性质既是藏在以太里面，我们最好把这些以太的物理性质审查一下。

我们的结论最好预先讲出来。简括说来，形成宇宙的以太和以太的起伏状态，大约都是无稽之谈。这样并不是说以太不存在，以太至少是存在我们心中的，否则我们就不会讨论它。我们心外一定也有什么东西存在，大体上这种观念或其他观念能印入我们心中。这心外的东西暂且可唤做“实体”或“真相”（reality）。科学今日研究的对象也就是这种“真相”。但是我们将见到，这种真相和五十年前科学家所说的以太、起伏、波动，大不相同。不但不同，照从前科学家所说的话，所用的标准讲来，以太和以太的波动简直算不了真相。然而在我们所有的知识经验，所能知道的真实事物中，以太实是最真实的东西。

以太观念侵入科学界约在两世纪以前。科学家碰到一种现象，没法用物质现成的草率性质解释时，就创出一种弥漫天地的以太，以解决这种困难。他们给这以太的性质恰够解释他们的现象。这些人在碰到牵涉“隔离作用”（action at a distance）的一些问题时，当然更不能自禁地要求助于这种步骤。因为认为物质的影响只限于其所在地，而不会触及碰不到的处在，这种见解表面上很中听，所以反对这种议论的人很难获得多数人的同情。哲学家笛卡尔（Descartes）甚至于认为两物体中间有距离的存在，就是居中有物的充足证据。

所以科学家一碰到一种机械作用没有物质传布时，如磁铁之于钢条，地球之于下坠的苹果，他们便想求助于一种弥漫天地的以太的欲望，差不多不能自禁。这就是所谓“以太习惯”的侵入科学。所以麦克斯韦说：“人发明以太，使行星可以在里面泅泳，使它构成电气和磁气的‘气层’，使它把感觉从我们身上的一处传到另一处，到后来，全空中都装了好几重以太。”以太的数目结果差不多和物理学上不能解决的问题一样多。

到了五十年前，在严格科学思想之下，只有一种以太——传光的以太——没有受淘汰。为要适应这功用，以太的性质被惠更斯（Huyghens）、托马斯·杨（Thomas Yaung）、法拉第、麦克斯韦诸人定得越来越精。他们设想以太为一种胶质的海，波动通过以太，就像振动，或起伏动作通过胶质的海一样。我们现在知道，这些波动都是放射，其形态可以具光、热、红内光、紫外光、电磁波动、γ光线、X光线、宇宙放射等各种形态的任何一种。

天文上光行差和其余的现象都证明，如果以太存在，地球和其余运行的天体在以太中经过，一定丝毫没有一点搅动。如果我们从地球的立足点研究这些现象，以太一定毫无阻碍地经过地球和其他天体间的空间，就像托马斯·杨所举的有名而不切实的比方，“像风吹过一丛树木一样”。这个比方不切实的原故是，事实上树木实在受风的影响，枝叶的摆动可以表出点儿风的力量。但是地球在以太中走动，决不能搅扰停止在地面的物体，或影响物体一丝一毫的行动。我们讨论汽车速度为何受障碍时，在空气阻力之外更不必再加上以太的阻力。

所以假如以太真有，无论以太的风吹过我们时的速度是一点钟一英里还是一千英里，都和我们不相干。这样说和牛顿在“自然原理”中提出的动力原理正合：

附则第五：物体在空中一直走，无论空间是停止不动，或是向前一直一样快地走，物体本身的运动都无更变。

牛顿继续说道：

“我们在船上的经验就是个明证。在船上，无论船身是停止不动或一直向前走，一切运动都照常发生。”

这种普遍原理告诉我们，一切在船上，用限于船上事物所做的试验，没有一个能揭示船身在一个平静海中的速度。我们常看见，好天气的时候，不看海我们连船走的方向都不能知道。

以太的风假若影响地面物体，它所起的扰动当可表出以太吹动的速度，就像树林能表出风的速度一样。但是事实既不如此，我们只好求助于别的方法。

一个渡海的人，他的观察只限于船中一切，固然不能决定船行的速度，但是他若能自由观察外面的海，这事就很容易办到。他若把绳子一头系一块铅，拿来抛入海中，水面就会散出一个圆涡，每个航海者都知道绳子入水之处并不能永久为圆涡的中心。水面的圆圈始终是停止在水面，而绳子入水处是被船拖着向前走，所以齐水处一段绳子离开圆心的速度就表出船的速度。

如果地球是在一海以太中行驶着，用一个相仿的试验当可揭露地球在以太中的速度。有名的迈克尔逊-莫雷实验（Michelson-Monley Experiment）就正为这个目的而设。这实验把地球当作一只船，把克利夫兰大学（University of Cleveland〔Onio〕）物理试验室当作铅块入海的一点。铅块投入海中用一个发光的信号代替。这用做信号的光假定是能在以太海中散出圆涡来。

我们没法直接看见这个圆涡，但是用一片镜子把光的信号反射回到原来出发点，就足够报告我们关于圆涡进展的情形。从这上面我们可以断定光一来一往时间上所受的影响。如果地球在以太内停止不动，在一定距离间往返的时间，无论对着哪一个方向，当然都是一样。但是，如果地球在以太的海中是向东走着，我们就很容易看到，在一定距离间，由东往西，再由西返东的时间，要比由南往北，由北返南的时间稍为长一点。这并没有什么深奥的原理，常识就能告诉我们，划船时逆流划一百码再顺流划一百码，比横流划二百码的时间都要长些。固然，逆流划慢而顺流划快，但是顺流划时省下的时间并不够补足逆流划时多费的时间。假如两个划手划得一样快，一个逆流顺流，一个横流，同时划出去，后面的人必定先到。两人时间先后之差就能表出水流的速度。同理，迈克尔逊-莫雷实验中的两道光线，时间上如有差别，当能表出地球在以太中的速度来。

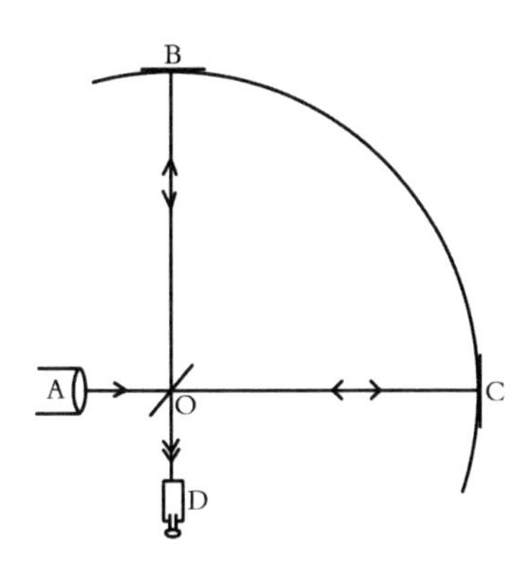

图一　迈克尔逊-莫雷实验的图说

光线从A发出，射到一面一半涂银的镜面O，一半光线向OB方向反射出去，一半仍旧射向OC，OC和OB一样长，约十二码。在B点和C的镜子又把光线反射到O点，于是这两道光线的每一半都透过O点的镜子而射入一个望远镜D。这两道光线先后之差可以拿来与把全部仪器折转九十度角所得的差异比较。这种手续可除去因OB和OC长短稍为不齐而引起的差错。

这个实验举行了好多次，结果没有查出一点时间的差别。所以，如果地球是浸在以太海中的假设还能成立，这实验的结果好像告诉我们，地球在以太海中的速度是等于零。无论怎样看，地球都像是在以太中永远停止不动，而太阳和一切造物都是在以太中绕着地球转。这个实验好像又恢复哥白尼（Copernicus）以前的地球中心说[1]。但是这决不能算做真正的解释，因为地球绕太阳的速度是一秒钟二十英里，而迈莫二氏的实验是精确到能察出这样速度的百分之二。

1893年菲兹杰拉德（Fitzgerald）、1895年洛伦兹（Lorentz）不约而同地提出一种别样解释。他们认为迈克尔逊-莫雷实际上是想使两道光线同时在两条等长的路上来回。我们可以不妨碍这实验的大旨，设想这两条距离都用普通的尺——就算英尺——量

1.波兰天文学家哥白尼（1473—1543）是攻击中世纪地球中心说最有力的人物。他的主张在他死后的六十六年间曾引起极热烈的争辩，最后才有格里里奥出来，用他的天文镜中所观察到的事实，证实哥氏的主张。（译注）

过或比较过。菲洛二人于是问道，我们怎么知道这些尺或这些尺量过的距离，在以太海中前进时，就能保持一样的长短呢？船在海中行走时，船头受到海水的压力能使船身缩短一点。这就是说，海水把船头向后顶，船尾的暗轮要把船向前推，于是这两头受挤的船身就缩短一点——其实不过是一英寸极微细的部分。同样，汽车在空气中走，一面风门受到风的阻力，一面又有后轮的推进，也会缩短一点。如果迈莫二氏实验时所用的仪器也照样会缩短，那么沿流往返的路一定比横流的路要短一点。这种缩短当能补救沿流往返时间上吃的亏。假如缩短的距离正够补足时间上的亏损，那么沿流往返的时间，和横流的时间当会一样，菲洛二人于是说，这样也许可以解释实验结果所以等于零的原故。

这类思想不能完全说是虚造，或是假设性质。洛伦兹随后就指出，当时流行的动电学说，就须要这种缩短能实际发生，船和汽车的缩短，同这里的缩短虽不尽像，却很容易使我们明白这里的作用。洛伦兹的确证出，如果物质的构造纯属电性，如果每个构成物质的微粒都有电荷，那么物质在以太中走动时，这些物粒当会把自己的地位重新变换一下，直等物体缩短到一定程度时，方才安定下来。这种缩短的程度能计算得出，其数目恰够证明迈莫二氏实验结果所以等于零的原故。

这一来，不但充分地解释了迈莫二氏实验为何失败，并且进一步指出，一切物质的量尺必定都会缩短到一定程度，以遮掩地球在以太中的行动。所以一切同类的试验都可预言其失败。但是，科学界还知道有他种量尺，光线、电力等都能拿来探索两点间的距离，所以也能作测量之用，于是有人便想物质的量尺虽然失效，光和电的量尺或许能奏效。已故的瑞利勋爵（Lord Rayleigh）、不莱司（Brace）、特鲁顿（Trouton）等在这方面都是大名鼎鼎的人物，他们用各种方法反复尝试，结果每次依然归于失败。地球在以太中的速度如是x，一切人类小聪明能创制的仪器都会添出一种假冒的“负x”速度，搅乱我们不能量

x。所以实验的结果，依然和迈莫二氏实验结果一样等于零。

经历了多年刻意的试验，看来自然界的力好像一致参与一种完全有组织的阴谋，要遮掩地球在以太中的行动。这样当然只是普通人的说法，不像科学家的说法。科学家宁可说，因为有种自然律的存在，使我们没法察出地球在以太中的行动，这两种说法的哲学意义完全一样。同样，没有科学态度的发明家也许失望而呼，说自然界有一种阴谋，使他的永动机不起永动的作用，但是科学家知道，真正的障碍是一个自然律，这比一个阴谋还要严重。热心而意气自用的社会改革家和无知的政客都一样会看出经济律的运使中有一种浓厚色彩的阴谋，使他们没法变少为多，但是他们却看不见这里的经济律。

1905年爱因斯坦对这理想中的新自然律提出一个新形式，他说："自然界本身的性质使我们没法用任何实验方法决定绝对运动。"

奇怪得很，爱因斯坦这里说的话又恢复了牛顿的主张和思想，牛顿在他的“自然原理”中说过：

“也许在恒星最远的区域，或更远的处在，有绝对停止不动的物体，但是在我们的区域中，我们没法从物体间各个位置，决定哪一个物体是和最远的物体同一位置。所以用我们四围物体的位置以决定绝对停止，完全不可能。”

牛顿在上面说的话再加上一个条件道：

“就算这里有一种媒介体，毫无阻碍地遍布在物体各部的空隙中，我也不去理会。”

换一句话说，牛顿实在早已见到，如果没有一种弥漫宇宙的以太，我们就没法决定空中运动的绝对速度，他并且见到，这种媒介体可以给我们以不动的标准，有这种标准，一切物体的行动都能量得出。

介于牛顿和爱因斯坦之间的二百年中，科学家纷纷讨论这理想媒介体的性质，这媒介体最重要的性质就是给我们以停止的标准，使我们能量出一切运动的真正速度。现在爱因斯坦忽然一下就把这媒介体最重要的性质推翻。

爱因斯坦的原则另换一种说法，可以使这学说的特点更加明显。天文学至今还没能在“恒星最远的区域或更远的处在”发现牛顿说过的绝对停止的物体，所以停止和运动还只是相对的名称。风平浪静时，船停止不动只是相对的意义——所谓相对是指对地球不动而言，但是地球对太阳还是动着，所以船仍旧是动着。如果地球绕太阳的运动停止下来，那么船也算停止下来，但是和周围的恒星一起讲，还算是动着。把太阳和群星间的运动消灭，还有全银河系的星对远处星云的运动。这些远处星云相互间往往有一秒数百英里或更大的速度。没有一个弥漫宇宙的以太做指南，我们连什么是绝对停止的意义都没法说，更没法找一个绝对停止的物体。爱因斯坦现在告诉我们，就我们所知道自然界的种种现象，我们可以任意下绝对停止的定义。

这是一个惊人的消息。我们如果说这间屋子是停止不动，这样说并没有毛病，自然界也不会说不对。如果地球在以太中的速度是一秒钟一千英里，我们总以为以太就像“风吹过一丛树木一样”，是用一秒钟一千英里的速度吹过这间屋子。相对论却告诉我们，这间屋子内一切的自然现象都绝对不受这风行一秒钟一千英里的影响，并且即使风的速度是一秒钟十万英里或一点不动，屋内的现象也还是一样。

其实，一切和以太没有关系的机械现象都应当不变，并没有什么可奇怪的，我们看见牛顿早就知道了。但是令人奇怪的是，如果以太是真有的话，为什么由以太传布的各种光学、电学上的现象，无论以太是停止不动或用一秒一千英里的速度吹过，都一样不变呢？我们当然不免要问，这种动则生风的以太究竟是否真有，还只是我们杜撰的幻想。我们要始终记牢，以太的存在只是一种假设。物理学家相信一切事物没有不能用机械作用解释的，他们看见光波和一切电磁现象，认为必须有一种媒介体传布，才在科学上加进这样东西。

为了要使这种意见成立，他们必须做给我们看，能在以太中创出一种推拉扭捩的系统，以传布空中一切现象，并且传布到尽头时，恰如我们在尽头看见的现象一样，这里的以太应当能像一组钟绳，把拉钟时所用的机械力传布到钟上一样。这种必需的条件渐渐办到，但是发现非常复杂。这也许无足惊异，因为以太不但要能传布我们所观察的现象，同时还要遮掩自己的存在。所以在这里要创出一种简单的机能，无论做试验的人是停止不动，或是一秒钟在以太中走一千里，这种机能都能传布一样确切的现象，当然很不是一件容易事。在事实上，这里创设的机能证明有一种致命的困难，那就是要使两种现象完全一样，必须假设有两种各别的机能。

要形容这种困难，我们来详细讨论一件简单的现象。照这里以太传布的系统，物体荷电能使四周围的以太成一种紧张状态，就像硬行把一个不同的物体挤入一海的胶质里去的情形一样。两个停止在以太中的物体，如有同类的电荷，两个物体就要互相推拒。他们相互推拒的力量算是由以太在这种紧张状态下所生的压力传布出来。

现在假设这两个荷电的物体不在以太中停止，而是用完全同样的速度走着，姑且算是每秒钟从东向西走一千英里。这两个物体相互的动作还是和停止时一样，所以相对论指出，我们所观察到的现象，还是和以前两个物体绝对停止时的情形一模无二。但是这同一的现象却由一种完全两样的机能产生。一部分的推拒固然起于以太的紧张状态，但只是一部分，其余的是由于磁力的原故。这种磁力不能拿以太的压力或紧张程度来解释，而是要归究于一种复杂的旋风状的系统。

更复杂的电磁现象普遍都由电力和磁力合并产生，这两种不同的作用，视物体在以太中的速度而成不同的比例。所以要替这些现象下一个机械的解释，必需有两种不同的作用，能一模无二地产生同样的现象。但是要产生一个单纯的现象，必需牵入含有这样二重性的作用，即使能证明不错，未免和自然界往常行事大相径庭，我们不由要觉得这不大妥当。牛顿假如说，苹果的坠地是由双重的吸引作用，一种在秋天有效，一种在夏天有效，他的吸引说当很难被人接受了。

牛顿自己着重地说过，科学必须避免这一类重复的作用。他的“自然原理中包括有一组哲学理解的定则”头两条是：

第一条

事物的原因，除掉那些真正的，而且够解释事物发生的原因外，我们必不能容有别种原因。

关于这一点，哲学家说道，自然界从不白做一件事，少做就够了，多做就是白做。因为自然最喜欢单纯，而厌恶“浮泛原因”的浪费。

第二条

所以我们必须极力给同样的天然结果以同样的因。

人的呼吸和兽类的呼吸，欧洲和美洲的石头的变迁，煮饭的火和太阳的火，地球上光的反射和行星上光的反射，这一切的现象都应有同一而单纯的因。

然而，反对这种传布放射和电力作用的以太的，此外还有更强的理由。

我们已看见，电、磁、光都参与一种阴谋，不让我们发觉在以太中的运动，但是还有吸力没有提到过。在物理学中吸力和别的现象离开很远，好像是完全不同的性质。吸引律也要用到距离的观念，这律说，两物体间的引力视两者的距离而不同，在同样距离之内，其引力也是一样。所以至少在理论上，吸引律也可当作量距离的尺用。

一种传布电力作用的以太，很难同时传布吸力，因为一切我所能给这种以太的性质，都花在解释传布电力和磁力上面。所以吸引律的尺可望不致受菲洛二氏所举的缩短影响，我们有这根尺，当可以量出地球在空间的速度。

我们可举一个最简单而具体的情形，以考察上述的可能性。让我们把地球理想化，当它是一个正圆的球。这一来地面每一处和地心的距离都是一样，所以吸引力也应当一样，假如这理想的地球在以太中的速度是一秒钟一千英里，菲洛二氏的缩短作用当可使直指地球运动方向的直径缩短三十尺。这条直径的两头比别处都较近地心，所以这两头的吸引力应当特别大。地球上一切动着的物体都应当像从小山上滚下来一样，滚到这两处来。

这种特别情形就算是真有，也细微到没法在实际地球上看到，因为我们理想中所除去山谷的高低不平，比三十尺的缩短利害得多。但是别种相仿的吸引现象，尤其是行星轨道近太阳处的行动，却容我们观察。这些现象都告诉我们，吸引力也和别种自然力联合一起，以遮掩以太中的行动。如果普通的尺感到菲洛二氏所述的缩短，吸引律的尺也感到同样的缩短。但是吸引既不能在以太中传布，我们不懂吸引律的尺为什么也感到同样的缩短。结果我们只好说，菲洛二氏缩短完全没有这回事，这一来就不得不把机械的以太取消。

现在又非从头来起不可了。我们的困难是由于我们起首就假设自然界一切事物，尤其是光波，都能容一种机械的解释。简而言之，我们总想把宇宙当作一座硕大的机器。这种思想既然把我们引入歧途，我们非另找一种向导不可。

比机械解释的鬼火更可靠的向导是威廉·奥卡姆（William of Occam）的原则。他说："我们非不得已时，决不可假设有一种整体存在。"这句话的哲学意义和上述牛顿的哲学理解第一条的意义完全一样，纯然是破坏性质，是去掉一些东西。在这里去掉的就是一种机械的宇宙，和这宇宙中一种把机械力扩伸到空中去的以太，此外并没有别的东西放进去。

要补这个漏洞，最明显的办法当然是请出相对论来，"自然本身的性质使我们没法用任何实验方法决定绝对运动"。初看来，拿这来补以太的空缺好像很奇怪，这两种假设的性质完全不同，要说后者能补前者的空缺好像不大靠谱。但事实上，相对论和以太恰恰是相反的性质。以太主要的任务是给我们一种固定的标准，以太其余一切性质都是因为我们要调和我们起首的假设和观察到的自然系统所加上的附件。相对论的主旨不过是反对这种起首的假设，所以两者恰恰是相反的性质。

因为这样，所以两者的关系是明白斩截，并且可以用实验方法来决定。那些实验的结论都很明显，我们已看见一切发觉以太的实验企图都失败了，这一来就更加证实相对论的假设，每做过一件实验，据我们所知，其结论都偏袒相对论的假设。

机械以太的假设就这样废掉，而由相对论来代替它统治宇宙，这革命的导火线是1905年爱因斯坦发表的一篇短文。这篇短文一发表，研究自然内在作用的事就从工程师科学家手中转移到数学家手中了。

在这以前，我们总以为空间是环绕我们的东西，时间是一种流过或穿过我们的东西。这两者在种种方面看来都好像根本不同。我们能回头重走已走过的路，但决不能重度已往的时间；我们能缓步或疾走或站立不动，但是没有人能控制时间的快慢。时间的流动是一种无法控制的速度，于每一人都是一样。但是爱因斯坦研究的结果，四年后经闵可夫斯基（Minkowski）解释，认为包括有一个惊人的结论——那就是，自然界并不与闻上述的一切。

我们已知物质的构造全属电性，所以一切物质现象归根结底都是电性现象。闵可夫斯基告诉我们，相对论的条件是，一切电性现象都不是如我们平素所想，分别在时间和空间中发生，而是在时间和空间打成的一整片中发生；时间和空间完全混合一气，我们没法在这里找出一点结合的痕迹，也没法把一切自然界现象分出谁是空间的产物，谁是时间的产物。

把长和宽打成一片，我们得到面积，就如一片棒球场。各个运动员用不同的方法把球场分为二元，掷球员向前的方向是击球员向后的方向，而公正人看来却是从左至右。但是棒球本身一点不知道这些分别，人把球掷到哪里，它就到哪里去。支配棒球行动的是一个自然律，这律把棒球场的面积认为是不可分的全体，长和宽在这里是不可分的一整片。

一个二元的面积——如一块球场——如果再和一元的高度合并起来，我们就得到三元的空间。只要我们在地球附近这样做，总可用地球的引力把空间分为高和面积两种，例如高的方向是最难把球掷得远的方向。但是在远处的空间，自然界并没有备下这种用以做分别的东西。自然律并不知道，地平线和垂直线这种本地风光的观念，自然界把空间当作三元，这其间并没有各个分别的可能。

我们的想象由这种合并作用从一元到二元，现在又从二元再进至三元，但是从三元到四元却难得多，因为我们没有四元空间的直接经验，并且我们在这里特地要讨论的四元空间尤其难懂，因为这四元中有一元并不是普通的空间，而是时间，为了懂得相对论，我们必需想象一种四元空间，其中三元的空间是和一元的时间合并在一起的。

我们的许多困难可以单独把其中一点提出来讲。我们先想象一种用一元普通空间和一元时间合并的二元空间，例如长短和时间两种的合并。图二可以帮助我们了解这种观念。这是用图表的形式代表，早十时半离开伦敦帕丁顿车站，在下午二时半抵达距伦敦二百二十六英里的普利茅斯地方的快车时刻表。图中横线代表两车站之间二百二十六英里的路，直线代表任何一天火车开动时从早晨十时半到下午二时半的时间经过。

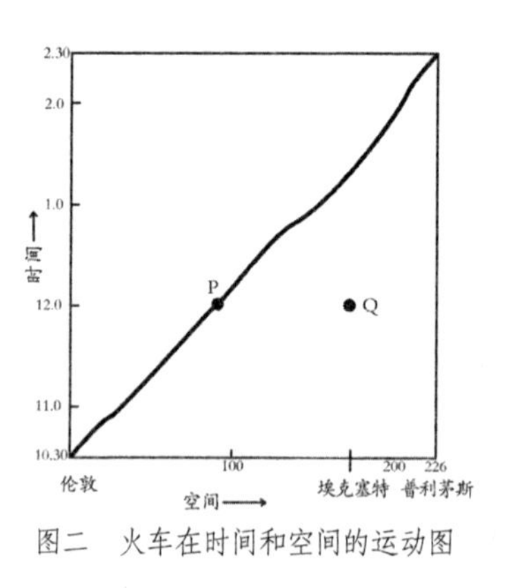

图二　火车在时间和空间的运动图

图中粗线代表火车的前进。例如线中P点正对着直线上的正午十二时，和横线上离开帕丁顿车站九十一英里半的距离。Q点代表正午时埃克塞特地方附近一个所在，这并不在粗线上，因为火车并不在正午时到埃克塞特。这图表的全面积代表早十时半到下午二时半帕丁顿车站和普利茅斯间的一切所在。所以把一个二百二十六英里的空间和一个中午前后四小时的时间打在一起，我们就得到一个一元空间和一元时间的面积。

照样，我们可以想象三元空间和一元时间打成一片，成为一个四元的体积，这我们可以定名为一个"联体"（continuum）。闵可夫斯基所解释的相对论就说，一切电磁现象都可认为在一种四元的联体中发生，其中三元是空间，一元是时间，时间和空间在这儿没有什么绝对方法能分得开。换句话说，联体中的空间和时间完全打成一片，合而为一，自然律也不去分别谁是时间谁是空间。棒球场上的长和宽完全合而为一，飞着的球并不去分别谁是长谁是宽，只把球场当作一种面积，在这里长和宽都无独立的意义。

有人也许要反对，以为第二图并不能帮助我们想象这个联体。这完全是图表性质，并不能真正代表距离和时间的合并，只代表一距离和另一距离的合并，这里所代表的就是本书的一页。这样的质难我们可以无需深究，因为我们最后的结论是，四元的联体照样也是纯粹图表性质。这种联体只不过是一种方便的轮廓，用来揭示自然界的作用，就像第二图也不过是一种方便的轮廓，用来揭示火车的行走而已。

然而，就因为我们能在这轮廓之内揭示一切自然界，所以这种轮廓当然和客观的事实有些相似处。但是在这里，空间和时间的分别却不是客观而是主观的。我和你如果用不同的速度走着，你的所谓空间和时间就和我的所谓空间和时间不同。我们各人用不同的方法分别这联体中的空间和时间，就像我们面对着不同的方向，各人的所谓前后左右都有各人的意义。这又像掷球员和击球员把棒球场用不同的方法分出，然而棒球本身却一无所知一样。就算我们把汽车停止下来或跳上公共汽车，以改变自己的速度，我们只不过是把自己的空间和时间的分法重新整顿一遍。相对论的要旨是说，这种分联体为空间和时间的办法，自然界毫无所知。闵可夫斯基自己的话道，“单独的时间和空间已消剩只影，只有两者的一种合并保留真相。”

这立即证明，为什么旧的发光的以太不免要在宇宙的图画中消失掉。那些人要说以太弥漫全空间，这就是客观地把一个联体分为空间和时间。但是自然律既不承认有这种分别，所以也就不能承认有这种以太存在。

我们如果要把光波和电力的传布当作一种以太的搅动，我们的以太必须同麦克斯韦和法拉第的以太大大两样。我们可以设想以太为一种四元的结构，弥漫全部的联体，所以也弥漫全空间和全时间。这样一来，我们都能有同样的以太，换句话说，如果我们要有一种三元的以太，这在主观上一定和马法二氏的以太有所不同。我们将随身带有自己的以太，就像在大雨中，每人都随身带有他自己的虹霓一样。我如果在日光皇皇的大雨中走几步路，我自己就得到一条新的虹，我如果改变自己行走的速度，就替我自己造出一种新以太。并且，除非上述膨胀的宇宙完全无稽，否则我们的以太也一定不断地在膨胀着。这样一个构造是否应当叫作以太，还是问题，但是这种以太的性质和十九世纪以太的性质很难有相同点。固然，相对论的假设确实和旧式以太说相反，相对论能容纳的以太当然和旧的以太完全相反。既然如此，把它们都唤做以太未免有点失着。

据我看，有资望的科学家对这点的意见，并不真正存在分歧。诚然，爱丁顿（Eddington）说过，著名的物理学家有一半主张，一半否认以太的存在，但是他后来又说："双方只是文字的不同，他们的意思都确实一样。"近年来主张客观以太存在最坚决的赞成人奥利弗·洛奇爵士（Sir Oliver Lodge）写道：

以太用种种能力形态以支配现代物理。虽则许多人因为"以太"从十九世纪带来许多联想，总愿意回避这个名词，而采用"空间"的名词。其实用什么名词丝毫没有关系。

但是显然地，假如不管我们用“以太”或是“空间”，不管以太存在与否，都无关紧要，那么主张以太最热心的人也不能给以太以什么客观的真实性。我以为以太最好是把它来当作一种参考的草样，就像第二图图表也是一种参考的草样。以太存在和热带的存在、北极的存在、格林威治（Greenwich）子午线的存在，都一样可以算有，一样可以算无。以太是思想的产物，不是可触摸的东西。我们已经说过，真正的以太必不能是你的以太或我的以太，而是大家的以太，必须看作不但弥漫全空间，而且是弥漫全时间。以太在时间和空间上所占的部分没有法子分得出，时间的草样可以比作以太的一元时间。这种草样就在手边，就是把一天分为点、分、秒，除非我们承认这种分法是物质的分法——事实上从来没有人这样说过——否则我们就没有理由认为以太是物质性质。从相对论在科学上给我们的启示，我们可以看见，有一个物质以太弥漫全空间，必也要有同样的物质以太弥漫全时间，这二者的关系是共存共休的。

所以我们很可放心地把以太当作纯粹的抽象观念，以太至多不过是一种“本地的寓所和一个名称”。但是住什么东西的“寓所”呢？宇宙内有的只是波动，我们起初虽用“摆动”的动词介绍以太，这种观念现在却非取消不可，因为我们现在谈的这种不可触摸的以太，和热带或格林威治子午线一样不能摆动。这当然不是说一切不能摆动的东西都不能穿过这种不能触摸的媒介体。我们说热波或自杀潮（中国人只说自杀风气），然而并不需要一种摆动的物体传布它们。热波也许沿热带散布，自杀潮也许会沿格林威治子午线散播呢！

有人也许想，以太存在虽没有直接证据，但可以证明有一种波动性的东西穿过以太，这里的证据就是那些证明光的波动性的各种现象，如牛顿圈、光的分散图形和普通光的交错现象。但是这其实并不如此，因为除非有一种物粒存在，以揭示这种波动在我们眼前，我们并不能直接知道这种假设的波动。据我们所知，一切能传播的东西没有比数学上的抽象更为实在的，数学上抽象的传播就像地球绕太阳时，天文上的正午在地面传播一样。但是我想物理学家在这里一定会插入一种质难。质难的形式大致如下：

物理学家：门外的日光代表从太阳发出来的能力。八分钟前这些都在太阳上面，现在是在这里了。所以这些一定是来自太阳，一定经过太阳和地球间的空间。所以照我看来，能力一定在空中传播。

数学家：让我们把目前问题弄得越准确越好。让我们把注意力集中在一束固定的日光上，就算是我读书时一秒钟内落在我书面上的日光。这你说八分钟前在太阳上面，我想四分钟前当然是在我们和太阳一半距离的地方，而两分钟前是在近我们四分之一距离的地方。

物理学家：不错。这就是我说的，空间能力的传播能力从一点空间走到另一点空间。

数学家：你的意思是说，随便在什么时候，每片不同空间都有不同数量的能力占据着。果然，我们应当能计算或测量每一刻在一片空间中的能力有多少。你如果认为太阳停止在以太中，认为日光是在以太中播布，那么我承认你的问题能得到一个固定的解答。麦克斯韦在1863年时已给了我们。同样，假如你认为太阳和全太阳系都在以太中用一定的速度走着，就算是一秒钟一千英里，那么你的问题也可以得到一个固定的解答。但是这里的虬结是，这两个答案是两个样子，你能告诉我哪一个回答是对呢？

物理学家：这是显而易见的。太阳如果停止在以太中，当然是第一个解答对；太阳如果在以太中一直用一秒钟一千英里的速度走着，当然是第二个解答对。

数学家：不错，但是我们已经同意，“停止在以太中”是毫无意义可言的，“在以太中一直用一秒钟一千英里的速度走着”也是毫无意义可言的。你假如要给这两种说法一点意义，那么一切自然现象都坚持两种说法要有同样的意义。所以我觉得你的回答是毫无道理的。

从这一类的谈话中我们可以看出，要把能力分装在空间的各部分，结果只是越弄越糊涂，越无法解脱。这样，我们当然会疑惑我们是走错了路，疑惑把能力分配在空间中全是一种幻像。

还有，把能力的流动当作真有这样流动，结果也是自打嘴巴。一溪流水，我们能说有些水滴现在是在这里，现在又在那里，能力我们就不能这样说。能力在空间流动的观念只可当作一种图画，如果我们当作真有这种事体，结果就不免荒唐不经，自相抵触。坡印亭教授（Prof. Poynting）曾给我们一个有名的公式，告诉我们怎样可以用一种流动的状态，图绘能力，但是他的图画太穿凿，不能当作真相。例如，一条寻常磁铁受了电，放着不动，这公式就图绘能力不绝地绕着磁铁流动着转，很像一圈圈手搀手的儿童永远绕着"五月花柱"跳着舞一样。数学家只把能力的流动当作一种数学的抽象，这一来就恢复了全部问题的真相。固然，数学家差不多非要更进一步，把能力本身只当作一种数学的抽象不可——一个微分方程式上面的求积常数。他如果这样做，那么要说一片空间有两种不同的能力数量，就比说一处地方可有两种不同的时间，如标准时间和夏季时间[1]，或本埠时间和观象台的天文时间，更加没有道理。他如果不肯这样做，就必须独自维持这种不能维持的情形，要承认宇宙的真实构造是两种能力形态之一——物质或是放射，同时还要承认能力不能置于空间任何处。这种情形我们以后再讲（页一七六、一七七）。

在没有进而讨论相对论其他发展以前，我们很可以放弃“以太”这个字，而采用“联体”的名词。这个名词的意义就是指上述的四元空间，其中三元是寻常的空间，此外再加进时间成为第四元。

自然律表现的事件都在时间和空间中发生，所以这些事件当然能用我们的四元联体来叙述。我们要在数量上讨论自然律，最便当的方法是设想时间和空间能用一种牵强而特别的方法量出。我们量长短的单位并不是一英尺或是一生的，而是一个长约十八万六千英里的单位，这是光一秒钟所走的路。我

1.夏季时间是把钟拨快一点钟的时间，这在北欧很通行，因为北欧夏季的白昼特别长，这样可以节省灯火。原文说“纽约的节省白昼的时间”，意同此。（译注）

们用以量时间的单位也不是寻常的秒，而是一种神秘的单位，是一秒乘上负一的平方根，数学家说负一的平方根是虚数，所以我们量时间的方法实在很不自然。假如人要问为什么要采用这样古怪的量法，我们的回答是，这好像是自然界本身的测量系统。无论如何，这能使我们把相对论的成绩用最简单的形式表示出来。如果我们还要问为什么原故会这样，我们就没法再答，如果能回答的话，我们窥到自然界内在的神秘当比现在深得多了。

所以我们大家算是同意采用上述的量法，照这种量法以构造我们的联体。闵可夫斯基指出，相对论的假设如果不错，我们构造上述的联体时，自然律的叙述形式必不能显出时间和空间的分别。三元空间和一元时间，在制定一切自然律时，应当是绝对平等的伙伴，否则这样制定的自然律必不能适合相对论原则。

不久就有人发现，牛顿有名的吸引律就不能适合上面的条件，所以不是牛顿错，便是爱因斯坦错。爱因斯坦于是研究用怎样的修正，能使牛顿的吸引律和相对论假设吻合，后来发现，要修改就要牵涉到牛顿的旧律没有提到的三种新现象。换句话说，自然界给我们三种不同的方法，使我们能用观察决定，是牛顿对还是爱因斯坦对。试验以后，每次的胜利都是爱因斯坦一方。

所谓吸引律，严格说来，只不过是关于运动物体加速度，或速度改变率的数学公式。牛顿的律好像专从事于表面的机械解释：物体的运动情形，好像是被一种与距离平方成反比例的力“拉出它自己的直线运动”。所以牛顿就设想真有这样的力存在，叫作吸引力。爱因斯坦的律并不假乎于“力”的解释，或任何机械解释，如果我们要找一件事，证明机械科学已经过去，这就是一件。爱因斯坦觉得这种现象可以更容易应用几何来解释。一块吸引物质的影响并不如牛顿设想能流出一种力来，而是把附近的四元联体扭曲。行星和棒球的运动并不是由于有一种力拉着，使它们不能走直线，而是由于这联体有了一种曲度。

我们要想象一个不扭曲的联体已经很费事，何况现在还要想象这种扭曲，但是一个三元面积的比方可以帮助我们的想象。棒球场或手面的皮肤都是二元的联体，由吸引物质而起的扭曲可以比做小土堆或手面的水泡，棒球让过小土堆时当然越出自己的直线运动，就像彗星或光线经过太阳附近而弯曲一样。四元联体因宇宙一切物质所起的联合扭曲，使这连体自身扳曲，而成一个无缝的表面，所以空间就如第二章所述成为有限。

时间和空间的单独整体已在宇宙消灭，现在吸引力也消灭了，只剩下一个绉折的联体。十九世纪的科学把宇宙只归做两种力的游戏场：一种是吸引力，统治天文上主要的现象，并且把万物保留在地面上；另一种是电磁力，这支配此外的一切物质现象，例如声、光热、黏合、弹力、化学变化等等。现在吸引力既在科学界消灭，我们当然要奇怪为什么电磁力偏偏存在，并且假如存在，在这联体中是怎样存在着？这个问题虽没有完全解决，看来这些也很会和吸引力遭同样的命运。韦尔和爱丁顿一直在提出新的学说，想完全不用电磁力，而把一切物理现象解释为这种联体中特种几何性质的结果，但是二人的学说都有毛病。最近爱因斯坦提出一个相仿的学说，其命运也还说不定。但是不管最后提出的学说是什么形式，我们敢说电磁力不久总有个方法把它并为联体中一种新折绉形式。这形式和上述的吸引力的折绉形式只有几何性的不同，但是在别的上面和我们所说的引力的影响不会不同，如果确实这样，则宇宙本身将完全归并为一个空洞的四元空间，完全没有物体，完全没有形态，只有些空间本身图样的一些大大小小、强弱不同的绉纹而已。

我们以前所说的能力的传播，如日光从太阳射到地球上，现在只成为一条连续的绉纹，在联体上占有八分钟的地面时间和92，500，000英里的地面距离。现在我们看见，我们没法想象一切客观而具体的东西在空中传播，除非我们先客观地把联体分为空间和时间，然而这就是我们不许做的。

总括起来，相对论揭露于我们目前的新宇宙，用最简单而熟悉的事物来比方，最好是形容为一个不规则而有绉纹的肥皂泡。宇宙是这肥皂泡的表面而不是内里的部分，不过我们要记着，肥皂泡的表面虽只有二元，我们的宇宙却有四元、三元空间、一元时间。并且，那用以吹成这宇宙泡的肥皂浆也是空洞的空间和空洞的时间打成的一整片。

第五章

知识的深渊

让我们把这个肥皂泡再详细研究一下。这一口气吹出的空空洞洞，就是现代科学形容的宇宙。肥皂泡的表面有许多不规则的符号和绉纹，这些绉纹大致分为放射和物质两种，这些就是宇宙的构成原素。

第一种绉纹代表放射。一切放射都走一律的速度，约一秒钟十八万六千英里。如果第二图中火车走动的速度一律是一分钟一英里，就可以用一根和垂直线成四十五度角的直线代表；一串火车，每辆都走一分钟一英里的速度，可以用许多这样的平行线代表。如果我们现在把一分钟一英里的标准速度改为一秒钟十八万六千英里，把从伦敦到普利茅斯的方向改为空中各种方向，第二图的图表就成为一种四元的联体，那一串和时间方向成四十五度角的线就代表放射。

第二种绉纹代表物质。这些都用不同的速度在空中走动，和光的速度比较起来都慢得多。大致上，我们可以认为一切物质都停止在空中，只沿时间的方向前进。代表物质的绉纹都指着时间的方向，就像第二图中的火车线如若停在车站，就一个个都指着时间方向前进，所以火车停止在车站时，是由一根垂直线代表。

物质的绉纹多数横过肥皂泡的表面，而成为很宽的条子，很像帆布的条纹。这因宇宙间的物质都有一种结成大块物质的倾向，如星球或别种天体。这些条纹叫作“世界线”（world line），太阳的世界线经过每片刻间太阳在空中的位置。这种情形我们可拿一种图表性质来形容（图三）。

世界线就像电报线。电报线是一束许多细线联合而成，太阳这样大东西的世界线也是无数的细世界线联合而成，这都是组成太阳那些原子的世界线。有时有些原子被太阳吸收来或赶出去，我们就看见有些细线加入，有些细线离开太阳的世界线。

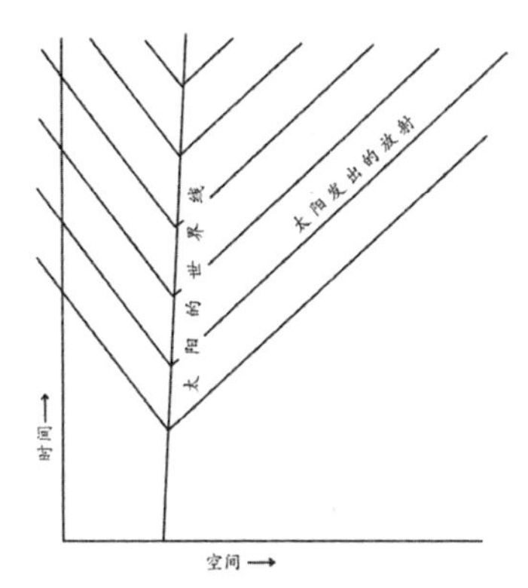

图三 太阳在时间和空间中的运动及其放射
(参看图二)

我们可以把肥皂泡的表面比做一块纺织品，这块纺织品的经纬就是原子的世界线。原子只要永远存在，毫不毁坏，这些世界线的经纬就都是沿着时间的方向横贯全图的。但是如果原子被摧残掉，这些线便突然中断，从断处散出许多放射的世界线，像一束极细的绒须，我们在这块纺织品上沿着时间方向走动，纺织品上许多细线就在空中调动，以改变他们相互的位置。宇宙的纺织机使这些线只能依一个固定的方法互相调动，这固定的方法就是自然律。

地球的世界线是一根细点的电线，由几股代表山岭、树木、飞机、人物等细线合成。每一股又由许多更细的线合成，这些都是原子的世界线。代表人体的线和别的线看上去并没有什么主要不同之处。它也是像别的线一直调动着，没有飞机那样自由，但是比树木自由得多。人体和树木一样，先是一个小东西，后来从外面食物中一直吸收原子而逐渐长大。我们身体所吸收的原子和别的原子没有什么大不同的地方，那些组成山岭、树木、飞机的原子也是一样。

但是这代表人体原子的线却有一种特别能力，能把印象从五官传给我们的心灵。（mind）这些原子能直接影响我们的意识（consciousness），此外的原子只能间接借用上面的原子去这样做。我们最简单的办法是把意识认为在这张图画的外面，它只沿着我们身体的世界线和这张图画接触。

你的意识只沿着你身体的世界线和这张图画接触，我的意识只沿着我身体的世界线和这张图画接触。这样接触的主要结果就是时间的演进。我们觉得自己好像是被拖了跟着自己身体的世界线，经验着线上的各点，这里每一点都代表我们每一时间的情况。

也许图画中的时间亘古以来，自始至终，都展示在我们面前，但是我们只能和图中的一点接触，就像脚踏车的车轮一样，始终只能和路上的一点接触。所以韦尔（Weyl）说："这么看来，事体并不发生，而只是我们去会事体。"二千三百年前柏拉图在《蒂迈欧篇》（Timaeus）里面说道：

过去和未来都是我们杜撰的时间分类，我们不自觉而且错误地以为这是宇宙的本性。我们说，"曾是""是""将是"，但是实际上只有"是"用得对。

这样说来，我们的意识好像是一个苍蝇被鸡毛箒拘住，在图画的表面扫过一样。全幅图画虽在，但是苍蝇只能经验那密切接触着的一刹那。苍蝇尽管能记得过去片刻的图画，但他只能自己骗着自己，以为它是在帮助画那些前面的图画。

我们的意识也许还可比作画师点染一幅未完成的作品时，拿笔的手指所受到的感触。如果是这样，那么我们觉得自己能影响未来一片图画时的感想，就不能纯粹说是幻觉。我们意识怎样领会这张图画，目前的科学能告诉我们的很少，科学主要只管这张图画的性质。

我们已经看见，从前认为弥漫宇宙的以太，现在只剩为一种抽象，这是一个空空洞洞的轮廓，至多不过和肥皂泡的二元空间一样，是一个空空洞洞的表面，从前认为在以太中传布的波动现在也差不多成为一种抽象，这些是时间在肥皂泡的切面上所起的一种绉纹。

我们先前认为物质的“以太波动”的一种抽象性，在我们研究电子波动系统时，还要显明。那种很容易解释的寻常放射，例如日光的以太是有三元空间、一元时间。我们用以形容一个和外界隔绝的电子波动的以太也是如此。这里也许是同样的以太，也许不同，但是她们同有三元空间、一元时间。但是，一个电子，完全和外界隔绝，是一个太平无事的宇宙，在这宇宙中我们能看到最简单的事是两个电子的相遇。波力学想用最简单的名词，形容两个电子相遇的情形，就求助于一种有七元的以太波动，其中六元是空间，一元是时间。要形容三个电子相遇，就要有十元的以太，九元是空间（每个电子三元），一元是时间。如果没有这一元时间把这些电子聚集在一起，它们就只能独立不相往来地在各个三元空间中存在，所以时间是把“物质砖块”黏在一起的石灰膏，很像精神方面莱布尼兹（Leibnitz）的“无窗元体”（windowless monads）被一个普遍精神撮在一起一样，再接近事实点儿说，电子可比作思想的内容，而时间是思想的作用。

波力学用来形容两个电子相遇的七元空间，我想许多物理学家都会以为是纯粹无稽，所以电子随带的波动也非认为无稽不可。薛定谔教授（Prof. Schrodingger）论七元空间道：

虽则七元的空间，有一个固定的物理意义，却不大能算是真有，所以空中的波动，照寻常字面上讲，也不能算存在。这都不过是对事件发生情形的一种适当的数学形容。我们讲单独一个电子时那种波动的动作，也决不能认为真的存在，尽管在这种情形之下，“图形空间”和“普通空间”碰巧是合而为一。

但是我们很难懂，为什么某一组波动的真实性要比另外一组波动的真实性少。单独电子的波动就是实情，一对电子的波动就是无稽，简直说不通。一个单独电子的波动在照相干片上已经记录下来，那就是附图二所示，可算够上真相。我们要保持一贯，只有设想一切波动，无论是两个电子、一个电子，或汤姆森教授照片上的波动，都有同等的真实性或不真实性。

有些物理学家为了要解决这种困难，就将电子的波动认为是一种数学上大概性的波动。我们说潮波时，意思是指一种物质的波浪能润湿经过的地方。我们说“热波”（heat wave）时所指的东西，虽不是物质，却能使经过的所在都热起来。但是晚报上说的自杀波动(suicide wave中文只说自杀风气),并不指任何人在这波动经过之下都会自杀,不过指他们自杀的可能性很大罢了。如果有个自杀波动经过伦敦,自杀的死亡率就高起来;如果自杀波动经过鲁滨逊飘流的岛,这孤独居民自杀的大概性就因而增加。于是有人说,波力学中代表电子的波动也许是大概的波动,这种波动在每一点的强度只能量出电子在那一点时波动的大概性。

所以汤姆森教授摄影上每处波动的强度,只量出一个分散了的电子要打中这处干片的大概数目。一群电子分散开来,电子打在每一处的数目当然和每个电子打在该点的大概性成比例,所以干片的变黑是对于每个电子的大概性的一种测量。

这种说法的长处在于使我们能替电子保存本来的面目。如果电子波动是真实的物质波动,每一波动系统大概都会被这试验分散开,所以没有一个电粒能安然度过这分散光线的难关。固然,电子一碰到物质就会破碎,所以不能当为永久的构造,真实分散开的比较还是一群电子，而不是单独的电子。单独电子的走动还是如一粒物质，还是保存自己的本来面目的。

这里所说的一切都和海森堡的“非定论原理”符合（页三四）。这原则使我们没法说：“这里有一个电子，恰恰是在这一处，并且恰恰一点钟走多少里。”这和说过的狄拉克原则也相合（页三八）。不过单单这两个原则还不够断定电子波动的全部性质。

海森堡和玻尔（Bohr）还说，这些波动只能当作一种符号，代表我们所知道的关于一个电子的大概情形和位置已有的知识。如果是这样，那么这些符号一定随我们知识的改变而有不同，所以主要还是主观性质。所以我们大可不必认为波动的位置是在空间和时间中，它们不过是我们对数学公式的一种体验，这公式代表的是一种起伏的性质，完全是抽象的。

此外还有一种更激烈的议论，也出于玻尔的提议。他认为自然界细微的现象不能由“时空”的轮廓代表。他的意见是：相对论的四元联体只宜于解释自然界几种现象，如大规模现象和空中无阻碍的放射，其余的现象只能在联体外求解释。我们已试行把意识形容为联体以外的东西，并且看见，形容两个电子的相遇最简单的方法是用一种七元宇宙。可见得，完全在联体以外的事件能决定所谓联体以内的事物历程。还有自然界表面的非定性，也许是因为我们要把在多元中发生的事，缩进少元的范围里去的原故。我们这里且设想有一种盲目的昆虫，其知觉只限于地面的二元空间。地面有些地方零星地为雨所湿时，我们的官能因为能及于三元空间，所以称这种现象为下雨，我们并且知道，三元空间内的事能绝对无二地决定哪一处会湿，哪一处依旧干燥。但是我们盲目的昆虫，如果确实不知道有什么三元空间，而要把一切自然界都挤入二元的空间，它们当然不会发现各处干湿的分配有什么固定性。昆虫里面的科学家当然只能用大概性讨论各小块的干湿，它们恐怕还以为这样说是无上的真理呢！我们这样肯定地说的时机固然还没有成熟，据我个人看来，这样解释目前的情形是最令人满意的。墙上的影子是三元实体的二元射影，时空联体的现象也许是四元以上实体的四元射影。所以时间和空间中的事不过“来来去去的，一串活动的魔术影像”而已！

有人也许反对，以为我们太对波力学加以注意，波力学只不过是一种数学的图画，此外也许有无数数学的图画，用来一样有效，然而会产生完全两样的结果。

诚然，波力学的图画不能自命为唯一的解释。科学还有别种系统，尤其是海森堡和狄拉克的系统。但是这些系统大致不过用不同的文字，而且常是更复杂的文字，讲一样的东西。在现有的系统中，没有比德布罗意和薛定谔的波力学这样忠于自然，并且能这样简单地解释万物的了。我们在附图二中证明有一定波长的波动似是自然计划中很根本的东西。这些波动是波力学中的根本观念，在别种系统中只不过是一种牵强的副产品。波力学就因为本身的简单，所以证实它本身有一种能力，能比别种学说深入自然的秘奥，别种学说和它比已差不多落后了。再换一个比喻，波力学用来建设自然界的轮廓极为有效，但是波力学很少要在这种轮廓之上再加上什么东西。

所以我们如要专意研究一幅图画，就很有理由选出波力学给我们的图画，虽则实际上，海森堡和狄拉克的学说也能使我们得到同样的结论。我们的要点只是，科学替自然界所造的一切图画，好像只有数学的图画能适合观察到的事实。

多数科学家都同意这些图画只不过就是图画，你也可以说，这只不过是“山海经”，如果你说是“山海经”的理由是指科学还没有能和无上的真实接触。从广泛的哲学立场上说，许多人都主张，以为二十世纪物理学的非常成就，并不是把空和时打成一片的相对论，不是目前表面反对因果律的量子论，不是原子的解剖，也不是因原子解剖而发现事物表面性质和事实的不符合，二十世纪物理学的非常成就是一种态度，这种态度认定我们还没有和无上的真相接触。照柏拉图的名喻讲，我们至今还是拘囚在石洞里面，我们背对着光，所以只能看见墙上的影子。科学当前的急务就是研究这些影子，用最简单的方法把它们分类说明。伽利略诚然说过，“自然的伟大著作是用数学文字写成”。但是伽利略的意义和我们的还有点两样。我们的意思是，除掉数学家，别人简直不用希望了解那些条析宇宙根本性质的各门科学，如相对论、量子论、波力学等等。

实体在我们洞壁上所射的影子也许起初就有好多种。这些影子在我们看来也许毫无意义，就像一条狗闯进教室，看见表演显微镜下纤微质生殖情形的影片，一样觉得无意义。因为，我们的地球和全宇宙比来简直是无限小，据我们所知，我们是太空唯一有思想的动物。我们怎样看自己，都像是偶然的产物，和宇宙主要的计划离开太远。所以我们大可断言，宇宙的全部意义当完全超过我们尘世的经验，使我们看来毫无理解可寻。在这里，我们可说是没有一个出发点，能开始侦查宇宙的真义。

这种情形说来虽然最像，但是有些射在洞壁上的影子，并不见得就不能指示我们这些穴居者看石洞内那些熟悉的事物及其活动。坠落着的物件的影子也和物件的坠落一样行动，所以能使我们联想到我们自己抛出的物件，于是我们就想用机械的名词解释这类的影子。这就是十九世纪的机械物理学所以产生的原故，这些影子使我们的科学前辈联想到胶质、机梭、门杠、齿轮等的动作。他们误认为这些影子就是物件本身，于是以为他们当前的宇宙是一种胶性和机械性的世界。现在我们知道，这样的解释显然不切，因为最简单的现象，如日光的传布、放射的成分、苹果的坠地、电子在原子中的绕动、机械物理学等都不能解释。

还有，人在日光中下着一局棋的影子也可以使我们联想到我们在洞中下的棋。有时我们也许会看出"将"的动作，或"宫堡"和"王""后"同时的动作，或是些别的特殊动作，都和我们常下的棋很像，决不能认为是偶然吻合（这里指的是西洋棋，和象棋原理相仿）。所以我们就不认外界的实体是一座机器，这实体详细的动作也许是机械的，但主要还是一个思想的实体。我们会看出日光中下棋的人也受我们一样的心灵支持，所以我们能在这永不能直接看见的实体中，寻得和我们思想同类的东西。

科学家研究这现象界——这就是自然投在我们洞壁上的影子——并不觉得这些影子完全不可理解，或是代表我们一无所知、一无所悉的事物。据我看来，我们倒看出，那些日光中下棋的人好像很熟悉我们在石洞内下棋时所立下的规则。丢开比喻不讲，自然界好像很熟悉纯粹数学的原则，这些原则是我们数学家不借外界经验，而运用内在的意识制订出来的。所谓纯粹数学是指那些运用纯粹思想和理智本身活动以创造出来的数学，这和先从外界取得些假设的性质和资料，以理解外界的实用数学完全相反。笛卡尔想找一个完全不染观察色彩的思想产物（唯理主义〔rationalism〕），曾挑出三角形三个角的总和必等于二直角的事实做例。现在我们看来，这简直是很不幸的选择。其余比这个责难少得多的例子尽可很容易找到，如大概律、虚数运用的规则，或多元几何都行。这些数学的门类都先由数学家用抽象的思想治成，差不多完全没有受外界接触的影响，也没有从经验上借得一点帮助。这些都自成“一个用纯理智创造的独立宇宙”。

现在我们忽然发现，我们形容的那些影子的游戏，如苹果的坠地、潮汐的涨退、原子中电子的运动，好像都由那些很熟悉我们纯粹数学观念的人弄出来的。这些观念是我们下棋的规则，我们制订这些规则时，比我们发现洞壁上影子也在下棋的时候要早得多。

我们要发现影子后面实体的性质，就面对着一种事实，这事实是：一切关于事物最高性质的讨论，假如没有一种外来的标准以资比较，结果必定毫无成绩可言。就因为有这个原故，洛克（J. Locke）说的“物体的本质”是永不能晓，我们只能逐步讨论支配这些物体的变化，以产生外界各种现象的法则，这些现象都可比作心灵的抽象产品。

一个聋子工程师研究一部自动钢琴的动作，也许先想把它解释为一座机器，但那些代表第一、第五、第八、第十三音阶的琴子反复连续的动作当使他没法解释。一个聋子音乐家虽然什么都听不见，但会立刻发现这些数目的重复是因为它们是和谐的声音，而别种不大有的音阶是属于另一种和谐的声音。这样他就可以在他自己的思想和造自动钢琴者的思想间，发现一种亲谊，他可以说，钢琴是从音乐家的思想中产生出来的。同样，用科学方法研究宇宙运动的结论可以总括为下面一句话，就是：宇宙好似由一个数学家计划而成。不过这样说也是粗率不切当的，因为我们除了因尘世观念和经验而得来的语言外，没有别种能使唤的语言。

这种立论很难期望不遭人非难，以为我们只是把自然铸入我们“先入之见”的模型内。他们将说，音乐家也许把全部精神都注在音乐上，甚至于想把一切器械都解释为乐器。他把一切阶节都当作音阶的习惯，也许浸淫过甚，甚至于他在楼上跌下来时，顺次跌在第一、第五、第八、第十三块楼梯板上，也许在他的跌落中都看出音乐来。同样，一个立体派画家，在大自然没法形容的富丽中，只看见许多立方体。他的图画的不真实证明他在了解自然上实在还远得很。他的“立体眼镜”只不过是一种眼罩，在他四围大千世界中只留一点细微的部分给他看。同样，数学家也只是从他自制的数学眼罩中看自然。这使我们联想到康德（Kant）。康德讨论心灵认识自然界所用的各式各样的知觉时，归结到说，我们尤其会从数学眼镜中看自然界。就像一个戴蓝眼镜的人只看见一个蓝世界。所以康德以为我们有一种心理偏见，很容易只看见一个数学世界，这话如果属实，那么我们的立论是不是只是蹈前人的覆辙呢？

我们转想一想，就可看出全部事实决不是这样。这种新创的数学解释自然界决不能全在我们的眼镜内，或者全是我们主观看上去的外界，因为如果这样，我们早就会见到了。现在人类心灵的质地和活动状态，和一世纪前人类的心灵一样，我们现在寻获的是一种新东西，这在我们身外的客观宇宙中从来没有见过。人类的远祖试用他们自创的神鬼之说解释自然界，诚然是失败了；人类的近祖努力用工程学观念解释自然界，也证明一样不切当。自然本身拒绝和这两种人造的模型适合。在另一方面，我们努力于用纯粹数学观念解释自然，至今却非常奏效。所以自然近似纯粹数学，甚于工程学和生物学的观念，现在已无须置辩，就算数学的解释只是第三种人造的模型，这种模型之适合于客观的自然界，至少比以前试用的两种模型好得无可比拟。

一百年前，科学界正在试用机械观念解释宇宙时，没有一个聪明人出来忠告他们，说这种机械观终必证实不切当，说现象的宇宙除非把它射在一个纯粹数学的幕上去，决不会有意义可寻。那时如有人提出这样动听的议论，科学家也许可节省许多白白花掉的气力。所以如果哲学家现在说："你们发现的并不是什么新奇东西，我随时都能告诉你一定是如此。"科学家很有理由可以问他："那么你为什么不早点，在你的忠告对于我们更有实惠时，告诉我们呢？”

我们的争论点是：我们现在看宇宙像是数学性质，和康德的意义是两样的。简单说来，宇宙的数学是从天上来的，不是从地上去的。

有人也许要争论，以为在某种意义上，一切事物都可说成是数理性质，数学最简单的形式是算术，这是数和量的科学，这些数和量遍及生活的全部。商业大部分是簿记和股本的购买等算术运用，所以也可说是数学的职业，但是我们说宇宙现在像是数理性质，并不指这种说法。

还有，每个工程师也必需多少是个数学家。他要预算物体的机械动作，必须用到数学知识，并且必须用数学眼镜看他的问题。但是，科学认为宇宙为数学性质也不是这样来的，工程师的数学和店员的数学不同处只是比店员的数学复杂得多，但仍只是一种计算工具，不过不是用来计算营业股本和红利，而是用来计算伸缩、伸缩力或电流而已。

另一方面，据普鲁塔克（Plutarch）的记载，柏拉图时常说，上帝总把万物几何化，普鲁塔克于是假设一个许多人的集会，讨论柏拉图这句话的意义。柏拉图的意义显然和我们说的，银行家总把万事算术化的意义，全然两样。普鲁塔克所举的例子是，柏拉图说过，几何使一切无界限的事物有界限，他又说过，上帝根据五种一定形状的立体以创造宇宙，因为他相信土粒是方形，气粒是八角形，火粒是棱形，水粒是二十面形，而宇宙本身是十二面形。此外我们并且知道，柏拉图还相信，日月行星间的距离是一种“重隔的比例”（the proportion of double intervals），这里他是指哪些是二或三自乘的整数，如一、二、三、四、八、九、廿七。

这些话今日能保存一丝真确的只有第一句。相对论的宇宙所以是有限的，就因为是几何性质，其余如四种原素和宇宙，同五种立体的关系当然是无稽之谈。还有，日月行星间的真正距离也绝对和柏拉图的数学没有一点联带关系。

柏拉图之后的二千年，开普勒（Kepler）费了许多时间和精力，想发现行星轨道与音阶及几何形体的关系。他大约也是指望发现这些是一个音乐家或几何学家安排下来的。有个很短时期，开普勒自以为发现行星轨道和几何上五种固定立体有相似处，他自己写道："我因这种发现所身受的强烈快乐决非言语所能形容。"假如柏拉图知道这件假设的事实，他一定以为，这将如何证实神祇的几何癖。这个伟大的发现，不用说，是错误的。我们就不能当太阳系是完成的作品，当今日的太阳系和初出世的太阳系一样。我们只能当它是一直在改变着，演进着，在它的过去中发展它的未来。

但是如果我们暂时把头脑转向中世纪去想一想，幻想如果无稽如开普勒的揣测会是真实时，那么他就摆明有理由从这上面引伸些别的意见。他在宇宙中发现的数学当不单是他所放进去的一点，所以他就有正当理由说，在他用以条析宇宙图案的数学以外，宇宙本身还有一种数学。他还可以用见神见鬼的话说，这种发现可表示宇宙的构造是一个几何学家打的图样。旁人如果说他发现的数学是藏在他自己数学眼镜之内，他大可以不管。渔夫用小鱼作饵，钓得一条大鱼，旁人如果说：“是啊，可是我看见你亲自把一条鱼放进水里去的。”渔夫也大可不必介怀了。

我们还可找出一个比较近代，而且不大像幻想的事例。五十年前，许多人都讨论和火星通信的问题。大家想要令火星上的人知道地球行星上有思想的人类，但困难点是不能找得一种双方都能了解的语言。有人以为最适当的语言是纯粹的数学，于是有人建议在撒哈拉燃起一串烽火，以形容有名的毕达哥拉斯定理，那就是，直角三角形两边的平方和等于弦的平方。这样的记号对火星上多数的居民当然无意义可言，但是有人说，火星上如有数学家生存，他们定能认识这是地球上数学家的手迹，因为这样说，方不致遭火星上的人骂他们到处看见数学。据我看，这里的情形，除了必要的修正外，和外界实体射在我们洞壁上的符号很相仿。我们没法解释这些影子是被一个人物或是被一部机器投在壁上，但是一个数学家却认识这些影子所代表的观念，都是他研究范围内很熟悉的东西。

我们在宇宙结构中寻得的是纯粹数学的观念，我们用以发现宇宙活动的是实用数学的观念，纯粹数学的观念如果只是实用数学的一部分，或是从实用数学引伸出来，我们当然不能从这些上获得上面的结论。实用数学的观念是人们专门制订来以适应自然的作用，宇宙的活动如果只适合实用数学的观念，那就什么都没有证明出来。有些人还可以说，就是纯粹数学实际也不像是心灵的产物，而是因为我们已忘记或潜伏的记忆中，有一种了解自然活动的冀图，故而产生这样的数学。果然如此，那么我们发现自然的活动适合纯粹数学的规则，当然就无足惊异了。

我们固然不能否认，纯粹数学中所用的观念，有些是直接从自然的经验中得来。“量”的观念就是一个显明的例子，但是这个观念太根本了，我们很难想象一种自然计划，能完全把量除外。其余有些观念至少有一部分也是从经验得来，例如，多元几何明明是从我们三元空间的经验出发。不过纯粹数学中有些玄奥观念，如果有些也是从自然的活动移植过来，这些观念一定只好说是深藏在我们潜意识的心中。这种可辩难之处当然不能斥为完全不可能。但是我们很难相信，如有限而弯曲的空间，如膨胀的空间等玄奥的观念渗入纯粹数学，是出于某种关于实际宇宙活动的隔绝意识或潜意识经验。无论怎样，我们都不能不承认，自然和我们数学的心灵都依然照同一的规律活动。自然所揣摹的活动，并不是我们的情绪欲望，或骨节肌肉的活动，而是我们思想心灵的活动。不管是我们的心灵把一种规律加诸自然之上，还是自然把一种规律加诸我们心灵之上，我们的话总然不会说错，这并且使我们有充分理由说，宇宙是一个数学的图样。再回到前面用过的见神见鬼的说法，我们可以说，我们已讨论那些认为宇宙是被一个生物学家或工程师所计划的意见，而不能赞同。宇宙的大匠，现在从他作品上固有的证据看来，渐觉像是一个纯粹的数学家了。

我个人觉得，这串思想还可试行再推进一步，不过也很难说得确当，这也是因为我们尘世的文字全被尘世的经验包围着的原故。尘世的数学家不谈什么是物质，只谈纯粹的思想，他的创作不独是思想的创造物，并且只包含思想。我们现在公认在了解自然上所必要的根本观念，如有限的空间，如空洞的空间，其中各点只有本身空间性质的不同，如四元、七元和七元以上的空间，如一直膨胀着的空间，如一串不遵守因果律只遵守大概律的事件，或者说，一串只能超出空和时方能贯彻形容的事件——这一切观念在我看来都完全是思想的结构，没法拿一种物质的意义体会出来。

一个人写文章或演讲空间的有限性时，一定常碰见人责难，说有限空间的观念是自相矛盾，毫无意义。这些批评者将说，空间如果是有限，我们当能越过这个界限，这界限以外不仍是些空间，这样可以无穷地下去，所以空间决不能是有限。他们还可以说，空间如是在膨胀着，假如不是胀到些另外的空间去，还能胀到哪里去？这就又证明膨胀着的只是一部分空间，而全部空间决不能膨胀。

这样说嘴的二十世纪批评家还是十九世纪科学家的头脑，他们先就默认，宇宙一定能用物质形容。我们如承认他们的前题，他们说我们胡言乱语的结论也就非承认不可，因为他们的逻辑是无法反驳的。但是现代科学决不能承认他们的结论，无论如何总要力争空间是有限的。[1]这样一来，就必须否认批评我们那些人的前题，据我看宇宙决不能用物质形容，而是一种心灵的观念。

其余更专门的观念据我看也是一样。“排拒原理”就是一个最好的例子。这原则好像隐指时间和空间中有一种“间隔作用”，每一处宇宙似乎能知道

1.近代物理学的空间决不能把它和什么都没有的空间一律看待。如果我们能忘记十九世纪科学给我们的以太印象，我们可以说空间就是以太。不过有人如再问这以太的性质时，我们至多只能举出许多数学性质。反过来说，近代物理学的空间能容许多数学符号，这些符号一定有所代表，是以太，是x，是空间都没有关系。在另一方面，普通人仅可保留自己的无限而一无所有的空间，不过这种空间须是没有数学性质，并且不能和物理学的空间衔接起来。（译注）

别处在做什么，于是起一种作用。在我眼中看起来，自然所遵守的规律并不大像机器动作时所遵守的规律，而是比较像音乐家所谱的一首歌曲，或诗人写一首诗时，所遵守的规律。电子和原子的动作并不大像火车头某部分的动作，而是比较像跳舞者在八人舞中的动作。“物质的本质”如果永不能知，那么这八人舞是否在实际生活中的一个跳舞会中举行，或是在薄伽丘（意大利小说家Boccaccio）的小说中举行，都没有大关系。这如属实，那么宇宙最好是形容为一种纯粹的思想，不过也不很完备切当。我们没有更广的字，人若问什么人的思想，我们只好说是一个数学家的思想。

这一来就牵到心与物的问题。远处太阳中的原子因纷扰而发热射光。这光和热“在以太中走八分钟”后，一部分也许射入我们眼帘，在我们眼睛网膜中起一种作用，由视觉神经而传达到我们脑中。在这里，我们的心灵就认别为一种感觉，我们的思想于是发动，结果就算发为一种落日的诗意。这里有一串连续的ABCDE……XYZ，诗意A，衔接着思维的心灵B，再衔接着人脑C，视觉神经D等等，最后到太阳中原子的纷扰Z，诗意A发端于远处的纷扰Z，就像钟声发端于一根很长的钟索的拉扯一样。我们能懂得怎样拉一拉钟索，钟就会响，因为这里自始至终都有物质衔接着。但是我们很难懂，原子怎样的纷扰才能使我们起一种诗意，因为这两者的性质完全太两样了。

有这个原故，所以笛卡尔坚持心与物之间是无路可通的。他认为心与物是两种完全不同的整体，物的本质是占有空间，心的本质是思想。所以他主张有两个各不相混的世界，一是心，一是物，二者可说是平行而不相遇，各走各的路。

伯克利（Berkeley）和其余唯心派哲学家也同意笛卡尔的说法，以为心和物若根本是不同的性质，二者决不能互起作用。但他们坚持，事实上心和物的确是一直在互起作用，所以照笛卡尔的说法，物的本质必不是空间的占有，而是一种思想。再详细点讲，这些哲学家的争论点是，因和果必须是同样的性质，这一串中的B如果产生了A，B必须和A是同一的性质，C和B也是一样。依此类推，Z也非和A是同样性质不可。这一串中只有两段我们是直接知道的，那就是我们的思想A和感觉B。我们知道XYZ的存在及其性质，都只是从推论得来——是根据它们从我们五官传给我们的印象而来。伯克利坚持XYZ那些不可知晓的远段，也一定和近段的AB是同样性质，他说XYZ的性质也一定是思想，或是观念，因为“一个观念始终只能像一个观念”，有一个思想或是观念，就不能不有一个具有思想或观念的心灵。我们可以说，我们想着一样东西，这东西就存在我们心中，但是这不能证明，我们不想着这些东西时，东西依然存在。

例如冥王星行星[1]，在人脑中还没有一点影子时早就存在，那时我们的肉眼虽没有看见它，它的存在早在照片上摄了下来。有这些原故，伯克利就设想一个不朽的人物，万物都存在于这不朽的人物的心中。他用那种庄严响亮的古董文字，统括他的哲学道：

天上一切的歌座，地上一切的家具，一言以蔽之，组成世界伟大轮廓的一切物体，没有心都不成其为物。……这一切，只要我不感觉到它们，或者说不存在我或别人的心中，都毫不存在。要不然，就是存在一个

1.十九世纪天文学界光荣的余烬在1930年又复放一异彩，这就是太阳系第九行星冥王星的发现。十九世纪时，英国的亚当姆斯（Couch Adam）和法国的拉佛利（Urbain J. J. Levurier）同时研究天王星的不规则行动，以为一定是受更外一颗行星吸引的影响。经过他们惨淡计算的结果，就在1846年发现海王星。同样，亚利桑那州的弗拉格斯塔夫观象台（Flogstaff Observatory, Arizona）的罗威博士（Dr. Perciuol Lowell）研究海王星不规则的行动，以为也是受更外一颗行星吸引的影响。他和该观象台同人费了十几年工夫计算这未知行星的轨道，结果就如计算所料，在1930年3月初发现冥王星。这颗行星和太阳的距离约四十倍地球和太阳的距离，它的体积暂时还未能确定。不过二十世纪天文学的研究兴趣已越出太阳系，这种发现在学术界所引起的惊诧，实不如常人所想之甚。（译注）

永生神祇的心中。

近代科学和唯心派哲学好像是殊途而同归，生物学研究这串因果的前段ABCD间的关系，好像归结到说，这些都是同一性质。有些生物学者，偶尔采用一种特殊的立论，以为CD既是机械的、物质的，AB也一定是机械的、物质的，但是这里明明有同等理由和证据，说AB既是心灵的，CD也一定是心灵的。理化科学很少涉及CD，它是把自身直接推到这串因果的远段，理化科学的事务是研究XYZ的作用。我看理化科学的结论好像暗示这些远段，无论从宇宙全体上讲，或从原子最内层的结构上讲，都和AB是同一思想性质。在这里我们和伯克利得到同样的结论，不过走的完全两样的路。因为有这个原故，伯克利的三种结论，我们反而先得到最后一种，其余的结论相比较都还次要，因为物体的客观性是在它们存在“一个永生神祇的心中”，它们是否“存在我们心中或他人心中”都没有多大关系。

有人也许以为我们是主张完全放弃哲学上的唯实主义（realism），而拥载一种极端的唯心论以为代替。不过我以为这样说未免把事情看得太冒昧了。“物体的本质”如果真是不能知晓，那么唯实论和唯心论中间的界限就变得很模糊。实体被认为即使是机械也只是一种陈迹，客观的实体所以存在，是因为有种东西在我心中和你心中所起的印象相同。但是我虽能假设有这种东西，却没有权利能把它标为“实在的”或“理想的”（real or ideal）。据我看，真正的标题应当是“数理的”，如果我们都同意，所谓“数理的”是包括全部纯粹思想，而不只是专门数学人才的研究结果。这种标题并不涉及事实的本质，只说它们怎样活动而已。

我们选出这种标题当然不是贬物质为幻像或梦境之流亚。物质宇宙还是和从前一样实在（substantial），这句话，无论科学和哲学思想变到怎样，我想总不会错。

因为“实在”纯粹是一种心灵观念，是用来量物件直接给我们触觉的影响的。我们说石头和汽车是实在，说回声和虹是不实在，这就是这名词的普通定义。我们如果因为能把石头和汽车，不和一群硬粒联带一起，而拿来和数学公式、数学思想、空洞空间的螺旋等联带一起想，就说石头和汽车因此变了不实在，岂非荒谬。有人说约翰逊（Dr. S. Johnson）曾表示他对于伯克利哲学的意见。他把脚踏着一块石头，道："不然，我就这样认为他不对。"这个小试验当然与伯克利哲学所要解决的问题毫无关系，但能确定物体的实在性。科学无论再怎样进步，石头一定永远还是实在的物体，因为石头等物是我们用来决定实在性或坚实性的一种标准。

有人说，如果一个咬文嚼字的人碰巧一脚踢去，没有踢着石头，而踢着一顶帽子，帽子里面有个小孩偷藏了一块砖头，那也许他就可以推翻伯克利的哲学。有人说"惊异的成分就是外界实体的十足担保"，此外还有"第二层担保，这就是一种有变的恒，恒是我们自己的记忆，变的是外界"。但是，这只能否认那些人主张一己之外，别无他物的错误，因为他们说“这是我自己心灵的创造物，不在任何他心中存在”。但是对并不否认他心存在的人，这些话就等于无的放矢。惊异和新知识的说法都无力驳倒一个普遍心灵的观念。在这里，你我的心，使人惊异和被人惊异的心，都只是这普遍心灵的单位，或冗余之物。这些都像各个脑细胞，对经过全部大脑的一切思想，当然不能熟晓。

但是，我们尽管没有绝对客观的标准可用作实在性的估量，这一点并不妨碍我们说两个东西可以有同等或不同等的实在性。假如我在梦中把脚碰在一块石头上，因脚痛而醒，我将发现梦中的石头不过是我自心的创造物，是起于我脚上的一个神经刺激。这块石头可以十足代表一切幻境和梦中的事物，比约翰逊踢的一块石头的实在性显然相差很远。我们很有理由说，个心创造物在实在性上远不如普遍心灵的创造物。同样，梦中的空间和日常的空间也非有这种分别不可。日常的空间，大家都是一样，是一个普遍心灵的空间。时间亦然，清醒生活中的时间经过我们大家，都一样地快，这是普遍心灵的时间。还有清醒时各种现象所遵守的规律、自然律等等，都可一律看做普遍心灵的思想律。自然的一致性可示出这普遍的心灵本身是一贯的。

这种认为世界是纯粹思想的宇宙观，为我们审查近代物理时遇见的各种情形，放一道新的光明。我们现在可以懂得，怎样一个弥漫的以太，宇宙间一切事物都发生其中，能解释为一种数理的抽象，差不多和纬线的平行线，经线的子午线的抽象性一样。我们并且可以懂得，为什么宇宙的根本整体、能力，也必须当作一种数学抽象——微分方程式的求积常数。

这同一观念当然也指出，一个现象最后的真理是用数学来形容。只要这样没有做错，我们关于这现象的知识便算完全。我们要越出数学方式的范围，全是我们的自愿。我们也许找一种模型或图画，以帮助我们去了解，但是我们没有理由指望这样一定成功。如果我们发觉这种模型和图画不负所望，这并不能证明我们的理解或知识的不健全。用模型和图画解释数学方式，或这方式所形容的现象，并不是进一步接近真相，而是倒退一步。这就像用雕像状貌精灵一样，我们希望这种种模型能连贯一气，就如希望一切代表赫耳墨斯（Hermes，希腊神名）各种不同活动的像，如信使、令官、贼等等，然而还要看来是一个人，一样没有道理。有人说，赫耳墨斯是风，如果确然，那他的一切特性应当像一个受压液体的方程式一样，不多不少地统括在一个数学的形容里面。数学家能知道怎样把这方程式的各种不同方面挑出来，代表风的传信，发为音节和吹去纸张等等活动。他简直不需要一个赫耳墨斯的雕像来提醒他这些事，如果他要倚靠雕像，就非有一大排各个不同的雕像方够应用。话虽如此，有些数学物理学家还亟亟于要把波力学的观念雕像化。

简而言之，一个数学方式只能告诉我们物体怎样活动，决不能说“这是什么东西”。数学方式只能在事物的性质上加以肯定。并且，这样做，和寻常一个单独的微小物体的性质，并不见得就完全吻合。

这种看法使我们可以避免近代物理学中许多困难和表面的矛盾。我们无须讨论，光是否如粒状或波动。我们若得到一个数学方式，能确切形容光的行为，一切要知道的都已知道了，我们可以随时随意随便把光当作细粒或是波动。我们把光当作波动时，便可以任意设想有一种以太传布这种波动，但是这以太将逐日更变，因为我们已经说过，每次我的行动更变时，以太会怎样改变。同样，我们无须讨论电子的波动系统是否存在于三元的空间中，或多元的空间中，或完全没有这回事。这种波动系统是存在一个数学方式中，只有这能表现出它最后的真相。我们可以任意形容这数学方式是代表三元、六元或多元空间，都没有关系，这样做就是和洽海森堡和狄拉克的主张。最简单的办法大致是把这方式解释为，代表每个电子有三元空间的波动。同样，微镜下的宇宙最简单是解作一群三元空间的物件，而把这里所生的现象解作一群四元的事件，但是这些解释没有一个含有绝对的真确。

把意识和所谓“时空”的空洞肥皂泡的关系当作像车轮和道路的接触，我们无须感觉什么神秘，因为前面的看法只把这里的情形说成心灵和心灵的创造物的接触，就如看书、听曲一样。这里也许不必再加上一句说，这样看事物，宇宙表面的空洞和我们在宇宙中的琐细地位，我们可以不用烦虑或介意；我们不应当因自己思想的创造物，或别人形容给我们看的想象而受惊吓。在杜穆里埃（Du Maurier）的故事中，彼得·艾伯特逊和托尔斯伯爵夫人一直造着他们梦中的广大宫苑，他们梦想这些宫苑越变越大，但是对他们自己心灵的创造物一点不感觉恐惧。宇宙的广阔应使我们满足，不应恐惧，我们可以说我们不是一个小城的居民。我们也不必因空间有限而感觉迷惑，我们在梦中对那隔绝梦境和非梦境的墙壁，并不生一点好奇心。

时间和空间一样，也必须当作有限。我们追溯时间的沿流，就会得到许多启示，能知追溯到多久以前，一定会达到时间的来源，那就是现宇宙还没有出世前的时间。自然对永动机最憎恶，我们敢断言自然决不会使她的宇宙在大规模事件上，作她所憎恶的机械的表率。我们详细研究自然界的结果也得到同样证明。热力学告诉我们，自然界万物最后必由“死热增加”（increase of entropy）的作用而达到最后结局。死热在没有到不能再增加以前，一定一直增加，决不会不增不减。到死热不能再增的末日，宇宙于是可算死去。热力学的科学除非是完全错误，否则自然本身，在宇宙上说，只有两条路，进展和死。她唯一的安宁是坟墓中的安宁。

有些科学家对上述的意见却不同意，虽则这些人并不多。他们不否认现在的星球是在消蚀和放射，但坚持说在远空的某处，这些放射也许会又凝成物质，所以他们揣想，也许有一个新天地正在制造中。这新天地的原料并不是旧天地的余烬，而是旧天地燃烧时所发的放射。他们于是创出一种轮回宇宙说。某处的宇宙死去，那些因宇宙死去的出产物便在别处又忙忙造出新生命来。

这种轮回宇宙的观念和已确定的热力学第二定律完全不合。这定律认为死热一定继续增加，所以轮回宇宙的不可能，就和永动机的不可能是一样理由。我们固然可以说，在我们未全知的天文状况之下，热力学第二定律也许不能成立，但我看多数严格的科学家都认为这事不大会有。我们诚然不能否认，轮回宇宙的观念比较能投合人心得多。很多人视宇宙最后的解散，如同他们自己个体最后分解一样不好受。人们斤斤于个人的永生，和主张一个不朽宇宙这种荒谬的努力，至少有些关系。

比较正统的科学见解都承认宇宙中的死热一定继续增加到最后最大的程度为止。现在这时候还没有到，否则我们也不会想到这件事。宇宙间死热现在还是很快地在增加，所以一定有个开端，在某一个悠远而非无限的往昔，一定有个所谓“创世”的发端。

如果宇宙是一种宇宙的思想，那么创世之举一定是一种思想的行为。其实，单单时间和空间本身的有限性差不多就要逼我们非形容创世之举起于思想不可。宇宙半径、电子总数等常数的考订就隐括一种思想的存在，这些数目的浩大可证明这里的思想是非常丰富的。形成这种思想背景的时间和空间也一定包括在这创世之举之内。原始人的宇宙观先想一个创世的人物，在时间和空间中工作，再从现成的原料中铸出日月星辰。现代科学的理论却要我们设想创世者在时间和空间外工作，就像画家在油布外面工作一样，时间和空间都是他的作品。这正应了圣奥古斯丁（St. Augustine）的揣想，“上帝并非将世界在时间内完成，而是将世界和时间一同完成”这一句话。其实这样的思想远在柏拉图的时候已经有了：

时间和天国是同时产生，为的是，它们如要解散，只可同时解散，上帝创造时间时的心思就是这样。

但我们知道关于时间的实在太少了，我们不如把时间和创世之举比作思想的物质化。

有人也许反对，以为我们的话都只是根据数学的解释，在目前物质世界是独一的解释，并且是最后的解释的一种假设。再回到比喻上去，他们也许要说，把宇宙实体形容为一局棋只不过是方便的寓言，别种形容影子动作的寓言用来也许一样有效。我们的回答是：据我们所知，别的寓言决不能形容得这样简单、充分，而且切当。不会下棋的人说："一块白木头雕成的一只马头，把它钉在座子上，现在从底格的前二格移向左方，再移向……"下棋的人道："白，Kt到KB3。"他的说法不但能简括而充分地解释，并且连带包括了范围更广的许多事物。我们的知识在没有十分充足以前，科学上的解释越简单就越能使人接受。数学解释的优点不仅是简单，并且很可能是真正的解释。我们虽承认数学的解释也许既不是最后的解释，又不是最简单的解释，可是敢断言，在我们已有的解释中，这是最简单、最充分的解释，照我们现在的知识程度看来，这种解释是最能接近真理的。

有些人对此也许不以为然，以为目前的数学解释自然，恐终只是进向一个新机械解释之峰的半山亭。我们近世人的头脑好像有一种偏向机械解释的恶癖，一部分也许是由于我们早年所受的科学训练，一部分也许是因为我们总看见日常事物都是机械般动作，于是以为机械解释是最合理而且易解的。但是我们若详细审查客观情形，就可看出目前最特殊的事实好像是，机械学的炮在哲学和科学方面都早已放完，并且狼狈地失败了。如果有什么东西能对数学取而代之，怎样看都不会像是机械学。

我们往往忘记，我们只能用大概性讨论这些问题。科学家往往听到一种责备，说他们时刻更变，这里还隐说他们的话不必太当真。其实我们探索知识之河，偶然不沿主流，而走入一条支流，并没有可责备之处。探河者不亲身走到支流里面去一下，决不能肯定那就是一道支流。还有更困难处是这条河流是弯曲的，有时向东，有时向西，探河者在这一点是完全没有办法的。在某一个时候，探河者说："我现在顺流而下向西去，真相的海洋看来一定是在西方。"

后来河流又折向东去，他于是说，“现在看来，好像真相是在东方”。科学家曾经目睹过去三十年的，没有人敢过于武断这河流的方向，或真相的方向。他们亲身经历过来，这条河流不但继续加阔，并且时时弯曲。所以经历了许多失望以后，他们再不肯在河流折转时以为自己“已听见浩溟海洋的呼啸，已嗅得芬郁的大海空气了”。

我们虽怀着这样的戒心，至少敢断言知识的河流，在近几年来是转了一个大弯。三十年前，我们总以为我们的旅程是直指一种机械的无上真相。这是杂乱一群的原子，在盲目无主的物体支配之下，注定要跳一会无意义的舞，然后又回到一个死世界去。同样，物力的盲目游戏，使生命也堕入这完全机械的世界中。这原子宇宙的一角或数角虽碰巧发生意识，但这些意识也是受机械力盲目的支配，注定最后必然冻死，而留下一个无生命的世界。

现在大多数人都同意，以为知识的河流是指着一个非机械的真相，这在理化科学方面差不多已一致承认。宇宙比较已不像一部大机器，而是更像一个大思想，心灵已不再像是闯入物质领域的不速客。我们还怀疑，心灵是否应尊为物质领域的创造者和统治者。这当然不是指我们各个的心灵，我们的心灵是从原子中生出来的，这些原子都用思想状态存在一个大心灵中，我们说物质领域的创造者和统治者只是指这个大心灵。

我们起初以为自己是失足在一个不介意或活活敌视生命的宇宙中，上面的新知识使我们不得不校正这种鲁莽的感想。这种假设的敌视大都是由于旧日的心物二元论，现在这种二元论已快消灭。它的消灭并不是因为物质变得比从前更不实在、更像影子，也不是因为心灵被说成只是物质活动的一种作用，而是因为实在的物质本身已证明为一种心灵的创造物和心灵的征兆。我们发现宇宙的计划能力或支配能力有些地方和我们的个心证明有相似处，这种相似不是情感、道德，或是美术的欣赏，而是一种思想的方式，我们无以名之，名之曰数理。宇宙许多方面也许是敌视生命的物质附件，但许多方面和生命的根本活动也很相似。我们并不如我们初想，是宇宙的不速客或异乡人。原始黏泥中无生气的原子开始胎育生命的影子时，并不是脱离，而是更进一步地迎合宇宙的本性。

我们今日至少是敢于这样的揣说，但谁能知道，知识的河流还要弯曲多少次呢？这样转想一下，我们大可再加上一句，适用于全书的按语，就是书中所说的一切，所试用的结论，平心而言，都只是揣测而非肯定。我们不过试行讨论，今日科学对这些困难问题能回答些什么，这些问题也许永远非人类智力所能及。我们只能说，我们至多只能辨别一点黯淡的光，这也许完全是幻像，因为连要看见这点黯淡的光我们都得费去极大的目力。所以我们主要的论点并不能算上是现代科学要宣布什么主张，科学也许不应当怀一点这类的心思，因为知识的河流常常是太弯曲了。

图书在版编目（CIP）数据

神秘的宇宙 /（英）詹姆斯·金斯著；周煦良译．
—北京：团结出版社，2020.2

ISBN 978-7-5126-7723-4

Ⅰ．①神… Ⅱ．①詹… ②周… Ⅲ．①宇宙—普及读物
Ⅳ．① P159-49

中国版本图书馆 CIP 数据核字 (2020) 第 016851 号

出版：团结出版社

（北京市东城区东皇城根南街 84 号 邮编：100006）

电话：(010) 65228880　65244790 （传真）

网址：www.tjpress.com

Email：zb65244790@vip.163.com

经销：全国新华书店

印刷：大厂回族自治县德诚印务有限公司

开本：130×183　1/32

印张：7

字数：90 千字

版次：2020 年 6 月 第 1 版

印次：2020 年 6 月 第 1 次印刷

书号：978-7-5126-7723-4

定价：59.80 元